Abel Hernández - Muñoz

ESMERALDAS EN EL OCÉANO

Abel Hernández - Muñoz

ESMERALDAS EN EL OCÉANO

Pasaje a la vida silvestre de las islas oceánicas

Editorial Académica Española

Imprint

Cover image: www.ingimage.com

Publisher:
Editorial Académica Española
is a trademark of
Dodo Books Indian Ocean Ltd. and OmniScriptum S.R.L publishing group

120 High Road, East Finchley, London, N2 9ED, United Kingdom
Str. Armeneasca 28/1, office 1, Chisinau MD-2012, Republic of Moldova, Europe
Managing Directors: Ieva Konstantinova, Victoria Ursu
info@omniscriptum.com

Printed at: see last page
ISBN: 978-620-8-82684-0

ESMERALDAS EN EL OCÉANO

PASAJE A LA VIDA SILVESTRE DE LAS ISLAS OCEÁNICAS

MSc. Abel Hernández Muñoz

2025

ÍNDICE

INTRODUCCIÓN

Las islas resisten el embate del tiempo y el mar, su piel de arena o lodo disueltos en el litoral, se escurren en el rumor del misterio oceánico, construyen así una geografía insular exclusiva. Allí se desnuda la roca y estalla la vida en las más insospechadas formas vivientes, ancladas al océano proceloso. Salvajes, tiernas y bellas. Esas islas donde ensaya, la evolución sin freno las criaturas más desconcertantes.

En los ecosistemas aislados que ofrecen las islas oceánicas, muchos seres vivos tienen oportunidades de afirmar nuevas formas de vida, algunos no logran establecerse pero otros, más adaptables, se liberan con frecuencia de cualidades en otro tiempo muy útiles para su supervivencia; algunos, por último, desarrollan características que mantuvieron solo latentes en sus ambientes originales.

Los tamaños extremos: gigantes o enanos, pueden desarrollarse sin obstáculos en estos remotos refugios de vida. Las tortugas gigantes de Galápagos viven más tiempo que ninguna otra criatura.

En contraste, entre las extraordinarios especies liliputienses se encuentran: el pájaro mosca o abejorro, conocido como zunzuncito (*Mellisuga elenae*); la ranita de Monte Iberia (*Eleutherodactylus iberia*); el murciélago mariposa (*Nyctiellus lepidus*), uno de los más pequeños del mundo y uno de los escorpiones más diminutos del planeta. Todos estos minúsculos tesoros son de la Isla de Cuba, en las Antillas.

Algunos cambios evolutívos implican un compromiso total con el nuevo hábitat de la isla. Los insectos crisopos de Hawaii han desarrollado alas muy pesadas para el vuelo, otros son ápteros, carecen de alas.

Las alas de ciertas aves han perdido su utilidad, como en el kakapú o el Kiwi de Nueva Zelanda, el rascón de Aldabra y el hoy extinguido dodó de Mauricio. La incapacidad de volar, su asentuado gregarismo y mansedumbre; debidas a la quietud de la isla hicieron que el dodó fuera presa fácil para su primer depredeador, el hombre.

Especies de plantas ya extintas hace mucho tiempo de sus hábitats continentales siguen floreciendo en los ambientes muy conservados de las ínsulas oceánicas, en poblaciones relicto, alcanzando a menudo grandes dimensiones. Los cactus gigantescos (chumberas y nopales), que crecen en las Islas Galápagos alcanzan 10 m y más altura.

Muchos animales migratorios, entre ellos las aves, aunque no son productos exclusivos de la evolución de estas islas, han convertido sus ecosistemas en

fabulosos cuarteles de invernada, contribuyendo así a la conservación de sus poblaciones.
Las islas oceánicas son como motas verde esmeralda entre el azul infinito de cielo y mar, por ese motivo he decido titular a esta obra “Esmeraldas en el océano”.
Sea este, pues, el libro de las maravillas de vida silvestre que atesoran estas joyas naturales prodigiosas que son las llamadas islas oceánicas, esos vergeles bióticos que aun en pleno siglo XXI, impresionan a los hombres de ciencia y a toda la humanidad sensible.

El autor.

LAS ISLAS, LABORATORIOS Y ARCHIVOS DE LA EVOLUCIÓN

A nivel de nuestros actuales conocimientos, el aislamiento resulta imprescindible para la formación de las especies. Si todo el planeta hubiera estado perfectamente comunicado, si no hubiera existido alguna barrera para la corriente reproductora, si no hubiera habido obstáculos para la libre circulación de los genes, el mundo estaría ocupado por una inmensa y homogénea especie viviente. Afortunadamente, la insularidad siempre ha existido: las cadenas montañosas, los ríos, los climas, cualquier importante o, a veces, pequeña frontera natural pueden dar lugar a una isla, en el sentido evolutivo de la palabra. Allí, un grupo de animales queda separado de los demás, adquiere formas y costumbres particulares y termina por independizarse reproductivamente de sus antiguos congéneres, separados por un bosque, por una cordillera o tan sólo por un río.

Naturalmente, las más perfectas condiciones de insularidad en este sentido se dan en las islas geográficas y sobre todo en las oceánicas. En los trozos de tierra rodeados por muchas millas de mar, alejados de las corrientes migratorias y de lo que podríamos llamar las rutas frecuentes de la vida, las especies que -por sus adecuadas capacidades para el vuelo, como las aves y murciélagos, o por su resistencia para las largas travesías en balsas improvisadas, como los reptiles pequeños y los prolíficos y cosmopolitas roedores- tienen la fortuna de poner el pie sobre una isla colonizada previamente por la vegetación se encontrarán con un paraíso donde muchas veces pueden evolucionar al margen de las presiones de los predadores y de la competencia por los nichos ecológicos, dando lugar a formas variadísimas y muchas veces insólitas.

Esquemáticamente, la colonización de una isla perdida en el inmenso océano presenta toda la emoción y, diríamos, toda la belleza de un argumento novelesco. Pero no todas las islas están lo suficientemente lejos de los continentes como para que su conquista represente una verdadera aventura y la supervivencia en ellas una singular etapa evolutiva. Hay muchas islas, llamadas continentales, que son masas de tierra desgajadas de los propios continentes en tiempos más o menos recientes. Las islas Británicas constituyen un ejemplo muy claro.

LAS ANTILLAS, PERLAS DEL CARIBE

Caribe insular

El Mar Caribe o Mar de las Antillas, es un brazo del océano Atlántico, parcialmente cerrado en el norte y el este por las islas de las Indias Occidentales, actuales Antillas, y delimitado en el sur por Sudamérica y Panamá y en el oeste por América Central. El nombre del mar deriva del pueblo caribe, que habitaba la zona cuando llegaron los exploradores españoles en el siglo XV. El Caribe tiene aproximadamente 2.415 km de este a oeste y entre 640 y 1.450 km de norte a sur. Con una extensión de 1.940.000 km^2, en su extremo noroccidental está conectado con el golfo de México por el canal de Yucatán, un paso de 190 km de ancho entre Cuba y la península de Yucatán. El paso de los Vientos, situado entre Cuba y Haití, es una importante ruta de navegación entre los Estados Unidos y el canal de Panamá. Muchos golfos y bahías salpican la costa sudamericana, en particular el golfo de Venezuela, que lleva las aguas de las mareas al lago Maracaibo. Con unas cuantas excepciones, toda la cuenca del Caribe tiene más de 1.830 m de profundidad; muchas zonas superan los 3.660 m de profundidad y la mayor que se ha medido hasta ahora está localizada en la fosa de las Caimán (7.535 m), entre Jamaica y las islas Caimán. La navegación es libre y hace del Caribe una importante ruta comercial para los países latinoamericanos. La principal corriente oceánica del mar Caribe es una extensión de las corrientes ecuatoriales norte y sur, que entra en el mar por el extremo suroriental y fluye en dirección generalmente noroccidental. El Caribe, que es una popular zona turística, goza de un suave clima tropical.

Estas masas terrestres se apoyan en la plataforma continental y albergan comunidades botánicas y zoológicas muy parecidas a las de los las Antillas que consiste principalmente en tres grandes grupos de islas entre América del Norte y del Sur: Las Bahamas; las Antillas Mayores; y las Antillas Menores. Tiene una historia geológica extremadamente compleja. Los procesos de dispersión de América del Norte, Central y Sur, África y Europa, los eventos climáticos y las radiaciones *in situ* de las mismas islas, que aún no se han entendido totalmente, han dado como resultado una excepcional diversidad de plantas (WWF y IUCN 1997; Caujapé-Castells 2011; Nieto -Blázquez *et al.* 2017). Hay 11 000 especies de plantas, de las cuales casi 8 000 son endémicas (Acevedo-Rodríguez y Strong, 2008).

Las biotas de estas islas comparten un carácter "oceánico" (con la notable excepción del grupo insular de Trinidad & Tobago que es de carácter continental), marcado por una representación relativamente baja de taxones superiores, pero existe una diversidad extraordinaria dentro de los grupos filéticos superiores presentes. La diversidad de vertebrados y el endemismo en el punto caliente también son notables (Mittermeier *et al.* 2004). Como resultado de la alta proporción de plantas y animales endémicos de la región, el punto caliente de las las Antillas se considera entre los cinco punto calientes más importantes del mundo (Myers *et al.*, 2000; Mittermeier *et al.*, 2004; Smith, 2004).

Este capítulo describe la importancia del punto caliente de las las Antillas desde una perspectiva geográfica, geológica, climatológica, biogeográfica, biológica y ecológica. También describe la importancia del punto caliente en términos de los servicios ecosistémicos que proporciona a la población humana.

Geografía y clima

El punto caliente de las las Antillas está situado en la placa del Caribe (excepto Cuba y Bahamas, que pertenecen a la placa tectónica Norteamericana) y comprende más de 7 000 islas, islotes, arrecifes y cayos con una superficie terrestre de 230 000 km^2 distribuidos en 4 millones de km^2 de mar. Los arcos de islas delinean los bordes este y norte del mar Caribe: una cuenca semicerrada del océano Atlántico occidental, con un área de aproximadamente 2,75 millones de km^2 entre Florida, al norte y Venezuela al sur. Al sureste del golfo de México. Las islas forman una barrera entre el mar Caribe y el océano Atlántico y se pueden dividir en cuatro grupos principales:

- Las Antillas Mayores (Cuba, La Española, Jamaica, Puerto Rico y las Islas Vírgenes y Caimán) representan aproximadamente el 90 % de la superficie terrestre del punto caliente. Están ubicadas en una plataforma parcialmente elevada que soporta una cordillera volcánica madura y forman el límite norte y occidental del mar Caribe.

- Las Antillas Menores son de origen más reciente. Consisten en una cadena exterior de islas bajas de coral y piedra caliza y una cadena interior de islas volcánicas escarpadas en el borde oriental del mar Caribe. Las Islas de Sotavento y Barlovento se extienden desde Anguila al norte hasta Granada al sur. Aruba, Bonaire y Curazao bordean el extremo sur del mar Caribe.
- El ensamble del Banco de las Bahamas (incluidas las Islas Turcas y Caicos) se eleva desde una meseta de roca submarina al sureste de Florida. Geográficamente, estas islas están situadas en el océano Atlántico al norte de Cuba, no en el mar Caribe.

Las islas en el punto caliente tienen un terreno relativamente plano de origen no volcánico. Estas islas incluyen Aruba (que posee solo características volcánicas menores), Barbados, Bonaire, las Islas Caimán y Antigua. Otros, como Cuba, Dominica, Granada, Guadalupe, La Española, Jamaica, Montserrat, Puerto Rico, Santa Lucía y San Vicente, tienen cordilleras escarpadas y elevadas.

Las cadenas montañosas más altas se elevan a más de 3 000 m sobre el nivel del mar (República Dominicana), mientras que las islas bajas como Anguila, Las Bahamas y las Islas Turcas y Caicos alcanzan poco más de 50–60 m sobre el nivel del mar.

El clima en las Antillas está regulado por los vientos alisios del norte y sureste que se unen en la zona de convergencia intertropical y dos corrientes principales del Atlántico occidental (corrientes ecuatoriales del norte y sur) que convergen para formar la corriente del Caribe: una corriente cálida que transporta cantidades significativas del agua hacia el noroeste a través del mar Caribe y hacia el golfo de México, a través de la corriente de Yucatán (Miloslavich *et al.* 2010, Gyory *et al.* 2018).

El clima del Caribe es tropical húmedo, pero localmente el clima y las precipitaciones varían con la elevación, el tamaño de la isla y las corrientes oceánicas (por ejemplo, la surgencia fresca mantiene a Aruba, Bonaire y Curazao semiáridas). Es moderado, en cierta medida, por los vientos alisios cálidos y húmedos que soplan constantemente desde el noreste, creando divisiones de bosque húmedo/semidesértico en las islas montañosas. A nivel del mar, hay poca variación en la temperatura, independientemente de la hora del día o la temporada, con un rango de 24 a 32°C. La distribución de las precipitaciones está determinada por el tamaño, la topografía y la posición de las islas en relación con los vientos alisios. Las islas planas reciben un poco menos de lluvia, aunque la lluvia es más predecible. Los períodos de lluvias más intensas se producen a mediados de mayo y en septiembre (aunque con una variación temporal en el punto caliente), coincidiendo la "temporada de lluvias" con la temporada de huracanes del verano.

Los huracanes se desarrollan sobre el océano durante los meses intermedios y posteriores del año (junio a noviembre) cuando las temperaturas de la superficie del mar son altas (más de 27ºC) y la presión del aire cae por debajo de 950 milibares.

Los inviernos del Caribe son cálidos pero más secos, aunque los vientos ocasionales del noroeste traen condiciones más frescas a las islas del norte en el invierno. Las aguas del Caribe son en su mayoría claras y cálidas (22–29°C) y el rango de mareas es muy bajo (<0.4 m) (Miloslavich *et al.* 2010).

Hábitats y ecosistemas

La geografía, el clima y la gran extensión geográfica del punto caliente de las las Antillas han dado lugar a una amplia gama de hábitats y ecosistemas, que a su vez sostienen altos niveles de riqueza de especies.

Catorce zonas de vida de Holdridge y 16 ecorregiones del World Wildlife Fund (WWF) se han definido en el punto caliente. Existen cuatro tipos principales de bosques terrestres, cuyas características de distribución y biodiversidad se describen a continuación:

Bosques latifoliados húmedos tropicales/subtropicales (pluvisilvas o selvas antillanas) se producen principalmente en las tierras bajas influenciadas por los vientos del noreste o noroeste y en las laderas de barlovento de las montañas, como la parte norte del este de Cuba, el norte de Jamaica, el este de La Española, el norte de Puerto Rico y pequeños parches en las Antillas Menores.

Bosques latifoliados secos tropicales/subtropicales se encuentran en Las Bahamas, las Islas Caimán, Cuba, La Española, Jamaica, las Antillas Menores y Puerto Rico.

La zona de vida del bosque seco tiende a ser favorecida para la ocupación humana, en gran parte debido a los suelos relativamente productivos y el clima razonablemente cómodo. Por esta razón, pocos bosques secos permanecen intactos.

Bosques coníferos tropicales/subtropicales (tierras bajas y montanas) se encuentran en Las Bahamas, las Islas Turcas y Caicos, Cuba y La Española, donde a menudo están amenazados por la extracción de madera y los frecuentes incendios producidos por acciones humanas, que cambian su estructura de edad y densidad.

Matorrales y matorral xérico ocurren en áreas de sombra de lluvia creadas por las montañas, así como en el clima más árido del sur del Caribe (por ejemplo, Aruba, Bonaire y Curazao). Los matorrales xéricos y matorrales de cactus se encuentran donde se dan las condiciones adecuadas en las Antillas Menores, en Cuba y La Española.

En el ámbito marino, el entorno marino somero de las las Antillas forma parte del gran ecosistema marino del mar Caribe, con más de 12 000 especies marinas reportadas y bajas tasas de endemismo en comparación con los ecosistemas terrestres, debido al alto grado de conectividad resultante de la influencia de las corrientes y la migración de las especies (Miloslavich *et al.* 2010).

La zona costera del Caribe contiene muchos ecosistemas productivos y biológicamente complejos, que incluyen playas, arrecifes de coral, lechos de pastos marinos, manglares, lagunas costeras y comunidades de fondo lodoso (UNEP-RCU, 2001). La salud de estos ecosistemas ha disminuido a lo largo de los años, debido principalmente a la conversión del hábitat, la sobreexplotación y la contaminación de sólidos suspendidos y compuestos químicos (Polunin y Williams, 1999; AIMS, 2002; Lang, 2003).

Las playas se encuentran entre los ecosistemas costeros más importantes del Caribe. Proporcionan hábitats importantes para varias especies, incluidos sitios de anidación para las grandes tortugas marinas, y tienen una gran importancia económica para el turismo en la región. Éstas son entornos dinámicos, que cambian constantemente debido a procesos naturales, como tormentas, huracanes, cambios de marea y aumento del nivel del mar. La mayoría de los corales y especies asociadas al arrecife de coral en el mar Caribe son endémicas, lo que hace que la región sea biogeográficamente singular (AIMS, 2002; Spalding, Green y Ravilious, 2001). Además de los importantes servicios ecosistémicos que brindan, los arrecifes de coral tienen una importancia económica fundamental para el Caribe, en particular para el turismo y la pesca (Heileman, 2005).

Las praderas de pastos marinos usualmente se encuentran en áreas protegidas por arrecifes de coral y comprenden predominantemente dos especies: pasto de tortuga o seibadal - (*Thalassia testudinum*); y hierba/pasto de manatí - (*Syringodium filiforme*). Estos hábitats productivos son terrenos de pastoreo para la tortuga verde - (*Chelonia mydas*), el manatí antillano - *(Trichechus manatus*) y muchos otros vertebrados e invertebrados; también contribuyen a la nitidéz del agua.

Los humedales costeros, incluidos los estuarios, las lagunas costeras y otras aguas marinas costeras, son ecosistemas muy fértiles y productivos. Los manglares y bosques litorales se consideran los hábitats marinos con mayor diversidad biológica después de los arrecifes de coral.
Los manglares y las praderas de pastos marinos sirven como viveros para los juveniles de muchas especies de peces de importancia comercial, al tiempo que proporcionan hábitat para una gran variedad de peces pequeños, cangrejos y aves. También, desempeñan un papel importante en la protección costera contra los eventos climáticos en un área como el Caribe que se ve afectada por huracanes todos los años.
Los hábitats de fondo blando del punto caliente son ricos en especies. Los hábitats de fondo fláccido incluyen ambientes en los que el fondo marino está formado por sedimentos de grano fino, lodo y arena. Los hábitats de fondo blando intermareal o de poca profundidad incluyen marismas y praderas de pastos marinos, los cuales son económica y ecológicamente importantes. Están habitados por animales excavadores, como gusanos, caracoles, almejas y algunas anémonas, camarones y cangrejos, galletas de mar, estrellas de mar frágiles y pepinos de mar. Varias especies de peces se alimentan en los hábitats de fondo blando lodoso (Halpern *et al.* 2008).

Diversidad de especies y endemismo

El punto caliente de las las Antillas respalda una riqueza de biodiversidad dentro de sus diversos ecosistemas, con una alta proporción de endemicidad, lo que hace que la región sea biológicamente singular y por tanto, su fauna muy especial.
Incluye alrededor de 11 000 especies de plantas, de las cuales el 72 % son endémicas (Acevedo-Rodriguez y Strong, 2007). En los vertebrados, las altas proporciones de especies endémicas caracterizan a la herpetofauna (96 % de 200 especies de anfibios y 82 % de 602 especies de reptiles), lo que probablemente se debe a sus bajas tasas de dispersión, en contraste con las aves (26 % de 565 especies) y mamíferos (49 % de 104 especies, la mayoría de las cuales son murciélagos) (BirdLife International, 2017; IUCN, 2017a). Las especies endémicas del punto caliente representan el 2,5 % de las 310 442 especies de plantas descritas en el mundo y el 1,4 % de las 68 574 especies de vertebrados descritas en el mundo (IUCN, 2017a).
Los datos para las especies marinas están aún incompletos. Las aproximadamente 12 000 especies marinas registradas hasta ahora en el Caribe son una clara subestimación para esta región tropical tan diversa. Los esfuerzos de muestreo, hasta la fecha, han sido fuertemente sesgados hacia

ciertos hábitats en aguas costeras poco profundas, particularmente los arrecifes de coral; hay muy poca información disponible sobre los organismos bentónicos de más de 500 m de profundidad (Miloslavich *et al.*, 2010).

Mamíferos

Históricamente, las Antillas alojaba 127 especies de mamíferos terrestres, 23 de las cuales se consideran ahora extintas. De las 104 especies existentes, 51 son endémicas del punto caliente. Solenodontidae y Capromyidae son dos familias endémicas de roedores de las Antillas Mayores. La familia Solenodontidae incluye dos especies supervivientes, ambas En Peligro (EN): el almiquí o soledonon cubano (*Atopogale cubanus*); y el solenodonte de La Española (*Solenodon paradoxus*).

El almiquí cubano ocurre en dos parques nacionales: Alejandro de Humboldt; y Sierra del Cristal. En Haití, se sabe que el solenodonte de La Española ocurre solo en la cordillera del Massif de la Hotte, pero su distribución está más extendida en República Dominicana. Las principales amenazas son la pérdida de hábitat debido al aumento de la actividad humana y la deforestación, y la introducción de depredadores exóticos, como perros, gatos y mangostas.
La familia de roedores Capromyidae (jutías) comprende 16 especies, 15 de las cuales se encuentran en el punto caliente. Cinco de estas especies están extintas debido a la caza, la pérdida de hábitat y la depredación por especies invasoras.

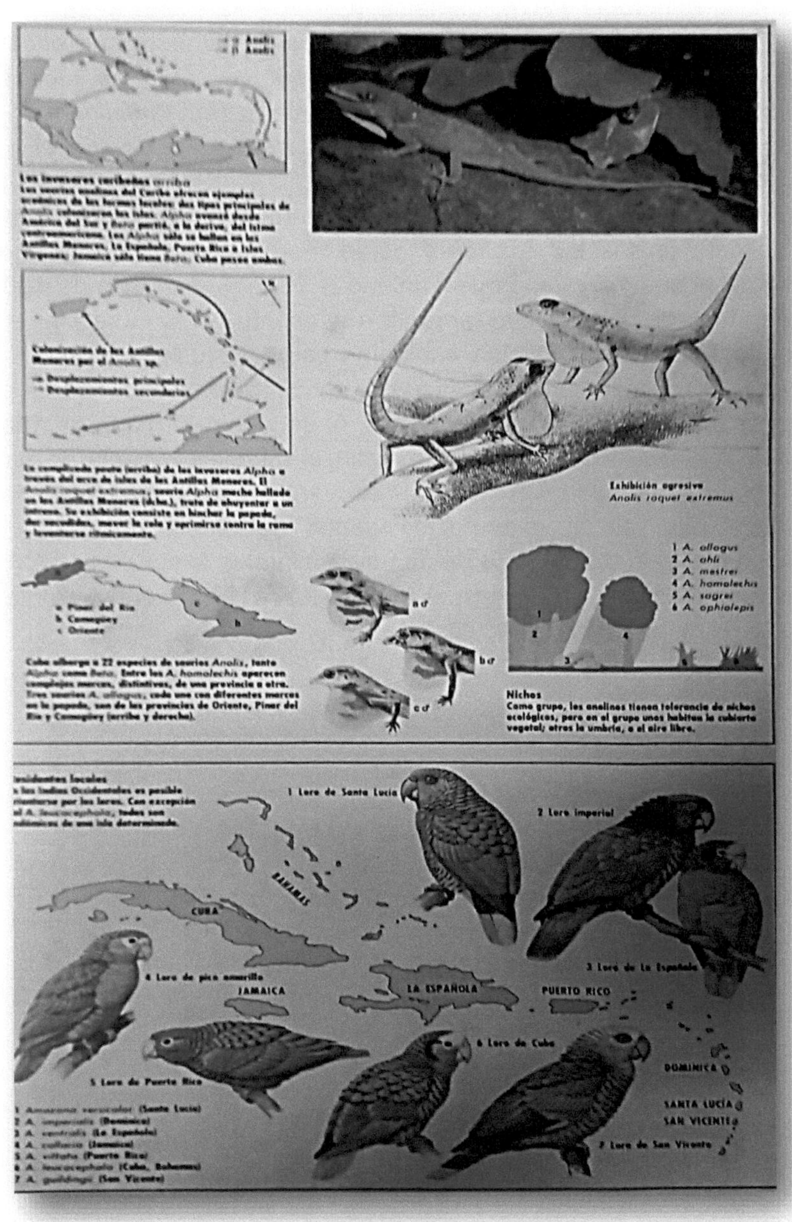

Las 10 especies que quedan son especies específicas de país, con siete especies en Cuba y una sola especie en Las Bahamas (*Geocapromys*

ingrahami - Vulnerable (VU)), Jamaica (*G. brownie* - VU) y La Española (*Plagiodontia aedium* - EN). Sin embargo, dos de las especies endémicas cubanas se consideran "posiblemente extintas", a saber, la jutía enana (*Mesocapromys nanus* - CR) y la jutita de la tierra (*M. sanfelipensis* - CR), mientras que la jutía rata (*M. auritus* - EN) está limitada a un solo sitio en la isleta cubana de Cayo Fragoso.

Los murciélagos son componentes muy importantes de los ecosistemas en el punto caliente de las las Antillas y están representados por 59 especies (excepto en el subarchipiélago de Trinidad & Tobago, con más de 100). Sin embargo, hay una necesidad urgente de estudiar los murciélagos para comprender mejor su distribución, ecología y estado actual de amenaza. Estas especies están escasamente distribuidas y son difíciles de encontrar debido al número limitado de cuevas adecuadas o de árboles maduros (nativos) apropiados para el descanso. Por ejemplo, el murciélago oreja de embudo grande (*Natalus primus* - CR) solo se encuentra en la cueva La Barca en Guanahacabibes, en el extremo occidental de Cuba; mientras que el murciélago de oreja de embudo de Jamaica (*Natalus jamaicensis* - CR) solo se registró en la cueva St. Clair en el ACB de Point Hill y la cueva Portland en el ACB de Portland Bight Protected Area.

Aves

Se han registrado un total de 571 especies de aves en el punto caliente de las las Antillas (BirdLife International, 2017), seis de las cuales ya se han extinguido. De las 565 especies existentes, 147 son endémicas del punto caliente, 105 de ellas confinadas a islas individuales. Aunque el endemismo es más notable a nivel de especie, 36 géneros notables de aves son endémicos del punto caliente, así como dos familias endémicas: Dulidae (cigua palmera, *Dulus dominicus*), con una especie; y Todidae (barrancolíes, cortabubas, con cinco especies). El Caribe también es el hogar del ave más pequeña del mundo, el colibrí zunzuncito o pájaro mosca (*Mellisuga helenae*).

BirdLife International reconoce seis áreas de aves endémicas (EBA) y dos áreas secundarias dentro del punto caliente de las las Antillas (Stattersfield *et al.,* 1998), un testimonio de la diversidad y el endemismo (ligado a una isla particular), en esta región.

Las aves representan algunos de los símbolos más importantes para la conservación en el Caribe. Los loros, incluyendo la amazona de San Vicente (*Amazona guildingii* - VU), la amazona de Santa Lucía (*A. versicolor* - VU) y la amazona imperial de Dominica ("Dominica's imperial amazon") (*A. imperialis* - EN), se han utilizado con éxito como especies emblemáticas para la conservación y la sensibilización ambiental en sus respectivos países.

Reptiles

Con más de 600 especies nativas, las las Antillas son muy ricas en reptiles, la gran mayoría de las cuales (alrededor del 82 %) son endémicas de la región. Desde que se publicó el último perfil ecosistémico del CEPF en 2010, se han descrito al menos 39 nuevas especies, incluidas varias lagartijas y anoles y dos boas (Hedges y Conn, 2012; Kölher y Hedges, 2016; Reynolds *et al.* 2016; Hedges, 2018). Muchas de las especies del punto caliente son endémicas de una isla en particular y pueden estar extintas o cerca de la extinción. Estas nuevas especies aún no se han evaluado formalmente según los criterios de la Lista Roja de la UICN, y otros taxones aún están en proceso de ser formalmente aceptados como nuevas especies válidas (Morton, 2009).

Dos radiaciones evolutivas principales dominan las lagartijas: los anoles (género *Anolis*, 166 especies) y los geckos enanos (género *Sphaerodactylus*, 85 especies). Los taxones de reptiles notables también incluyen 11 especies de iguanas de las rocas (*Cyclura spp.*), 10 de las cuales están amenazadas a nivel mundial, y las lucias poco conocidas y elusivas (27 especies en dos géneros, *Celestus* y *Diploglossus*), algunas de las cuales se temen extintas.

Dos de las lagartijas más pequeñas del mundo se encuentran en el *Caribe: Sphaerodactylus ariasae* de la República Dominicana; y *S. parthenopion* (EN) de las Islas Vírgenes de Estados Unidos.

Las serpientes comprenden 149 especies nativas en nueve familias, e incluyen radiaciones importantes, como el género *Tropidophis* (27 especies), un grupo de boas enanas y el género *Typhlops* (41 especies), de culebras ciegas. La serpiente más pequeña del mundo, la serpiente hilo de Barbados (*Tetracheilostoma carlae* - CR), se sabe que solo se encuentra en un área muy pequeña de Barbados (Hedges 2008).

Cuatro especies de tortugas marinas anidan en el Caribe: la baula o tinglar (*Dermochelys coriacea*); carey (*Eretmochelys imbricata*); verde (*Chelonia mydas*); y la tortuga caguama o boba (*Caretta caretta*); todas están amenazadas a nivel mundial. Algunos autores han estimado que las poblaciones históricas de estas especies en el Caribe alcanzaban los millones (Jackson, 1997). Tan abundantes eran que los informes de los marineros de los siglos XVII y XVIII documentan flotillas de tortugas tan densas y vastas que era imposible pescarlas con redes, e incluso impedían el paso de los barcos (Harold y Eckert, 2005; WIDECAST, 2018).

Hoy en día, las poblaciones de tortugas marinas se han reducido considerablemente comparado con los niveles históricos, y algunas de las poblaciones reproductivas más grandes han desaparecido (Harold y Eckert, 2005).

Anfibios

Todas las 200 especies nativas de anfibios en el Caribe son endémicas, muchas son endémicas de islas particulares (IUCN, 2017b). Es probable que este número aumente a medida que se realicen más investigaciones en áreas más remotas de la región, particularmente en las Antillas Mayores.

Los anfibios pertenecen a seis familias de ranas (Aromobatidae, Bufonidae, Craugastoridae, Eleutherodactylidae, Hylidae y Leptodactylidae), pero el taxón está dominado por las 152 especies del género *Eleutherodactylus*. Estas ranas del bosque son distintivas debido a su desarrollo directo (no tienen metamorfosis u obvian la etapa de renacuajo), la puesta de huevos en el suelo y la protección parental de los huevos.

Eleutherodactylus iberia de Cuba es uno de los tetrápodos más pequeños del mundo, con menos de 1 cm de longitud.

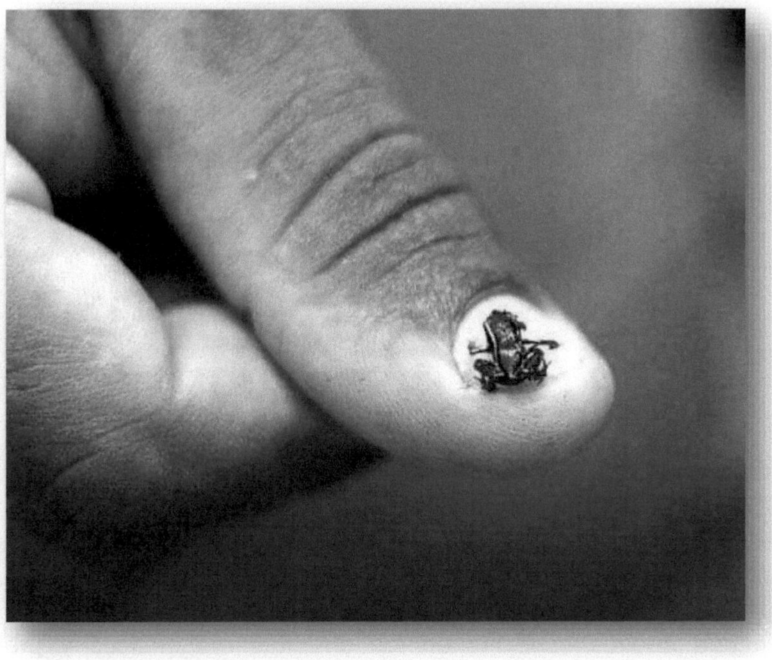

En el otro extremo de la escala, el pollo de montaña o (*Leptodactylus fallax*) de Montserrat y Dominica, mide 16 cm y es una de las ranas más grandes. Esta especie es una de las muchas de anfibios que han sido víctimas de una enfermedad infecciosa causada por el hongo quítrido *Batrachochytrium dendrobatidis*, agravada por los impactos históricos de la pérdida de hábitat, las especies invasoras y la explotación, está disminuyendo rápidamente hacia la extinción en la naturaleza en ambas islas siendo una de las disminuciones más rápidas jamás registradas afectando todo el ámbito de una especie (Hudson *et al.,* 2016).

Los esfuerzos recientes han logrado alejar al pollo de montaña del borde de la extinción, pero su situación sigue siendo peligrosa. La enfermedad también ha sido implicada en las rápidas disminuciones y posibles extinciones de varias especies de *Eleutherodactylus* en Puerto Rico, República Dominicana, Haití y Cuba.

Junto con la enfermedad, los anfibios en la región enfrentan amenazas de especies invasoras, asi como la pérdida y la fragmentación de sus hábitats.

Peces de agua dulce y peces marinos costeros

La UICN ha evaluado el estado de amenaza global de un total de 1 538 especies de peces óseos en el punto caliente de las las Antillas; esto representa alrededor del 4 % de todas las especies de peces óseos. La lista de especies para el punto caliente aún está incompleta y se están descubriendo nuevas especies en los arrecifes mesofóticos y profundos

(Baldwin y Robertson, 2014; Baldwin y Robertson, 2015; Baldwin *et al.,* 2016 a y b; Tornabene *et al.,* 2016).

El punto caliente de las las Antillas contiene 167 especies de peces de agua dulce, aproximadamente 65 de las cuales son endémicas de una o unas pocas islas, y muchas de ellas se encuentran solo en un lago o manantial particular. Al igual que en otros punto calientes del archipiélago, hay dos grupos distintos de peces de agua dulce en el Caribe: en las islas más pequeñas y jóvenes, la mayoría de las especies de peces son de agua marina pero también entran en cierta medida al agua dulce, mientras que en las islas más grandes y antiguas de las Antillas Mayores, hay varios grupos que ocupan aguas interiores, como los peces aguja, los killi, los plateados y los cíclidos, como el pez mosquito (*Gambusia dominicensis* - EN), que está restringido a los lagos Enriquillo y Azuéi (ambos ACB).

Los peces marinos representan un grupo complejo de organismos, que incluye muchas especies pesqueras importantes, como la anguila americana (*Anguilla rostrata* - EN) y varias especies de meros, incluido el mero de Nassau (*Epinephelus striatus* - EN).

La región biogeográfica del Gran Caribe (incluye áreas fuera del punto caliente, como las Bermudas, el golfo de México y Trinidad y Tobago) contiene la mayor riqueza de especies marinas en el océano Atlántico y se considera un punto caliente global para las especies de arrecifes tropicales (Roberts *et al.,* 2002). Un estudio del estado de conservación de los peces óseos costeros en el Gran Caribe encontró que el 53 % de las 1 360 especies incluidas en el estudio eran endémicas, siendo el mayor grado de endemismo en el océano Atlántico (Linardich *et al.,* 2017).

Las áreas oceánicas en alta mar tienen menor riqueza de especies, debido al ambiente escaso en recursos y la poca oportunidad de diversificación de nichos. Sin embargo, la mayoría de las especies endémicas tienden a estar ampliamente distribuidas, probablemente debido al alto nivel de conectividad marina en la región.

Tiburones

Hay 83 especies de condrictios (peces cartilaginosos) en las aguas marinas del punto caliente de las las Antillas. Sin embargo, solo 59 de estas se encuentran en aguas cercanas a la costa (a más de 200 m de profundidad). Estas especies son de 27 familias, que comprenden 16 familias de tiburones (44 especies) y 11 familias de rayas (15 especies).

La mayoría de las especies tienen ámbitos extensos y algunos se encuentran en todo el mundo. Sin embargo, parece haber al menos una especie endémica, el torpedo de La Florida (*Torpedo andersoni*), que solo se conoce a partir de dos especímenes: uno del borde occidental del Gran Banco de las Bahamas; y el otro de un arrecife de coral en Gran Caimán.

Corales formadores de arrecifes

Los arrecifes de coral se encuentran entre los ecosistemas costeros marinos más importantes en el punto caliente y desempeñan un papel fundamental en la economía de la región. Los medios de vida de millones de personas dependen de los arrecifes para sus ingresos y empleo.

En el mar Caribe, los corales representan un área biogeográficamente distinta dentro de la cual la mayoría de los corales y sus especies asociadas son endémicas, lo que hace que toda la región sea particularmente importante en términos de biodiversidad global (Spalding *et al.*, 2001; AIMS, 2002). Los arrecifes de coral del Caribe incluyen más de 65 especies formadoras de arrecifes; muchas de ellas están ampliamente distribuidas, pero también son endémicas de la región debido al largo aislamiento del Atlántico oeste con el Pacífico. Entre los géneros más difundidos están *Acropora, Monastrea, Porites, Agaricia, Diploria, Colpophylia, Meandrina, Mycetophyllia, Dendrogyra* y *Millepora*.

El área cubierta por los arrecifes de coral en el Caribe se ha estimado en 26 000 km^2, o aproximadamente el 10 % del total a nivel mundial (Keith *et al.*, 2013).

ISLAS AZORES, FLORES DEL OCÉANO PROCELOSO

Islas Azores
Situadas al oeste de Portugal, en el océano Atlántico, las nueve islas de las Azores han servido como importante lazo de transporte y comunicaciones entre América y Europa. São Miguel es una de las tres pricipales islas de las Azores y sede de la capital, Ponta Delgada. Formadas por los picos de volcanes submarinos, gran parte de la superficie de las Azores está ocupada por colinas frondosas.

Azores (en portugués, *Açores*), región autónoma insular de Portugal formada por el archipiélago del mismo nombre, situado en el océano Atlántico norte (36° 55'-39° 45' latitud N, 24° 45'-31° 17' longitud O). Está constituido por 9 islas y algunos islotes de origen volcánico, que emergen de la plataforma oceánica de la cordillera Central del Atlántico, dispuestas a lo largo de fallas transversales que la cortan en dirección noroeste-sureste. Con una superficie de 2.247 km², las islas forman tres grupos: el Oriental, formado por Santa Maria (97 km²), São Miguel (747 km²), los islotes Formigas y otras islas pequeñas; el Central, integrado por Terceira (397 km²), Graciosa (61 km²), São Jorge (238 km²), Faial (166 km²) y Pico (447 km²), así como islotes periféricos; y el Ocidental, formado por Flores (143 km²), Corvo (17 km²) y pequeños islotes.

Geografía física

Isla de Pico, Azores

El punto más elevado del archipiélago de las Azores es el monte Pico, en la isla homónima, que pertenece al grupo Central. Al igual que las demás islas azorianas, se observan en ella manifestaciones secundarias de vulcanismo (fumarolas, sulfataras). Densamente poblada, concentra el 6% de la población del archipiélago. El progresivo crecimiento de la población hasta 1950-1960 provocó la saturación demográfica, lo que hizo incrementarse la emigración hacia una serie de países, entre los que destaca Brasil.

El relieve es eminentemente volcánico, con estrechas mesetas (*achadas* o *planaltos*) cortadas por la erosión de las riberas y dominadas por conos de escorias, piroclastos volcánicos y lavas, basálticas y traquíticas, que forman conos que alternan con cráteres ocupados por calderas con lagos permanentes (Sete Cidades, Furnas y Fogo en São Miguel, Caldeira en Faial y Flores y Caldeirão en Corvo) que constituyen reservas de agua dulce en medio del Atlántico, fundamentales para la fauna permanente y migratoria. El punto más elevado es Pico (en la isla del mismo nombre, 2.351 m). La costa, formada por acantilados altos y escarpados, imponentes en su parte más septentrional, está batida por las olas tempestuosas de norte, que causan desmoronamientos.

Con excepción de Santa Maria, la más antigua, en todas las islas se han registrado erupciones volcánicas después de ser descubiertas (siglo XV), y en casi todas se observan manifestaciones secundarias de vulcanismo (fumarolas, sulfataras, géiseres, fuentes termales, entre otras). En este sentido, cabe destacar la catástrofe que se produjo en octubre de 1997, cuando una avalancha de lodo y piedras producida por las lluvias torrenciales, dejó un saldo total de una treintena de fallecidos.

El clima, subtropical atlántico, presenta grandes variaciones dependiendo de la posición del anticiclón de las Azores. Llueve durante casi todo el año, con unas precipitaciones que oscilan entre los 600-700 mm en los litorales expuestos al sur y los más de 3.000 mm en las cumbres. Las temperaturas son suaves, con una media anual de 17-18 °C (13-14 °C en el mes más frío y 21,5-23 °C en el más cálido); la temperatura de la superficie del agua es elevada (21-23 °C en el verano y 15-18 °C en el invierno). Existe, asimismo, una elevada humedad relativa media en todas las islas, en torno al 77-87%.

Los suelos oscuros y negros, situados sobre las rocas volcánicas, son fértiles y favorecen el desarrollo de la laurisilva macaronésica, con floresta húmeda de lauráceas, dominada por el laurel común (*Laurus nobilis*), el viñátigo (*Persea indica*), la faya (*Myrica faya*) y el cedro de las islas (*Juniperus brevifolia*), del que quedan pocos ejemplares, localizados entre los 600 m y los 800 m de altitud.

Población

Las islas están densamente pobladas. En 1993 la densidad media de las Azores era de 101,4 hab/km^2, y su población total alcanzaba los 237.800

habitantes (49,4% hombres y 50,6% mujeres) de los cuales un 53% habitaban la isla de São Miguel, un 23,4% la de Terceira, un 6,4% la de Pico, un 6,2% la de Faial, un 4,3% la de São Jorge, entre un 2% y un 2,5% las de Flores, Faial y Santa Maria, y un 0,2% la de Corvo. En relación a 1960 el archipiélago había perdido 90.421 residentes (lo que representa en términos porcentuales al 38% del total), de los cuales el 47,3% eran de la isla de São Miguel, el 17,2% a Terceira y el 10,3% a Pico.

El progresivo crecimiento de población registrado entre 1950 y 1960, que provocó una saturación demográfica, llevó al aumento de la emigración, ya iniciada desde el siglo XVIII, hacia Brasil, Estados Unidos de América, Bermudas y Canadá. La emigración y el envejecimiento de la población son las causas fundamentales del decrecimiento demográfico.

Ponta Delgada, con 19.807 habitantes en 1991, es la ciudad más populosa y la capital regional y de distrito.

Gobierno local

Actualmente, el archipiélago de las Azores constituye una región autónoma de Portugal, con gobierno propio. Está integrada por 19 concejos, integrados por 149 parroquias (*freguesias*) y agrupados en los distritos de Ponta Delgada (Lagoa, Nordeste, Ponta Delgada, Povoação, Ribeira Grande, Vila Franca do Campo, Vila do Porto), Angra do Heroismo (Angra do Heroismo, Calheta, Santa Cruz da Graciosa, Velas, Vila Pria da Vitória) y Horta (Corvo, Horta, Lajes das Flores, Lajes do Pico, Madalena, Santa Cruz das Flores y São Roque do Pico).

Historia

Aunque las Azores ya figuraban en un mapa del año 1351, los marineros portugueses empezaron a llegar a ellas a partir de 1427 y la colonización no comenzó hasta 1445. Las islas eran punto de encuentro de las flotas que regresaban de las Indias y, por ello, fueron escenario de la guerra naval librada entre españoles e ingleses, cuando Portugal estaba bajo dominio español (1580-1640). Más tarde, los portugueses utilizaron las islas como lugar de exilio.

La grulla de las Azores.

ISLAS CANARIAS, VISITA A LAS AFORTUNADAS

Acercamiento a la biota de este archipiélago macaronésico.

Bandera de Canarias

Canarias, comunidad autónoma española formada por un conjunto de siete islas mayores (Tenerife, La Palma, La Gomera, El Hierro, Gran Canaria, Lanzarote y Fuerteventura) y seis menores (Alegranza, Graciosa, Montaña Clara, Lobos, Roque del Este y Roque del Oeste). El archipiélago está situado en el océano Atlántico, frente a las costas africanas; el punto más septentrional está a 29º latitud N y el más meridional a 27º. El conjunto del territorio ocupa 7.447 km^2 y es la región española con más longitud de costas: 1.583 kilómetros. Dado que existe una rivalidad histórica entre las dos provincias insulares, la comunidad estableció una doble capitalidad: Santa Cruz de Tenerife y Las Palmas de Gran Canaria.

Territorio y recursos

El archipiélago está formado en su totalidad por acumulaciones volcánicas; la teoría más aceptada es que las islas Canarias tienen una antigüedad de 40 millones de años y fueron generadas en tres periodos de erupciones volcánicas, cuyos materiales se depositaron sobre un zócalo precámbrico.

La isla de Tenerife es la más extensa (2.034 km^2) y está presidida por el pico del Teide que, con sus 3.718 m, es el más alto del territorio español. El Teide está ubicado en el interior de una gran caldera volcánica de reciente formación,

Las Cañadas, que está cerrada en su flanco meridional por una cordillera dorsal. Al norte del Teide, en pronunciada pendiente, se encuentra el valle de la Orotava. Completan los accidentes montañosos de la isla dos cordilleras: la del Teno, al oeste, y la de Anaga, al norte.

Cumbre del Teide, Islas Canarias.
Al fondo de la imagen aparece el Teide (3.718 m), la cumbre más elevada del archipiélago canario y de España, y en primer término, coladas de lava y pitones. La vegetación, escasa en la caldera volcánica, cuenta con especies como la retama, el tajinaste rojo y la violeta del Teide. En ellas, el largarto tizón, animal endémico de la zona, ha hecho su morada.

La isla de La Palma (708 km^2) ha tenido una actividad volcánica reciente, lo que puede verse en las calderas volcánicas, entre las que destaca la de Taburiente, cuyos escarpes alcanzan los 2.000 m de altura; el pico más elevado de la isla es el Roque de los Muchachos (2.426 m), la segunda altura del archipiélago. La isla de La Gomera (352 km^2) es la más montañosa y posee numerosos y abruptos barrancos, entre los que destaca el del Cedro; el pico Garajonay (1.487 m) es la máxima altura insular.

Parque Nacional de la Caldera de Taburiente
Este espacio natural protegido, situado en la isla de La Palma, presenta un paisaje escarpado con casi 2.000 metros de desnivel. La Caldera de Taburiente constituye una depresión de gran extensión y de origen erosivo que está rodeada por un circo de montañas volcánicas. Fue declarada parque nacional en 1954.

La isla de El Hierro (287 km^2) es la menor de las llamadas mayores y la más occidental; está presidida por el pico Malpaso (1.500 m); hacia el norte se sitúa una amplia y fértil llanura litoral que se abre en un golfo conocido como bahía de los Pozos.

La isla de Gran Canaria (1.560 km^2) tiene un perímetro circular y su centro lo forma un macizo montañoso que contiene la principal altura, el pico de las Nieves (1.949 m); las zonas meridional y oriental están constituidas por llanuras litorales que, en la zona de Maspalomas, forman una faja arenosa con sectores de dunas; la zona septentrional es muy escarpada: algunos acantilados, como el de Fanoque o el de Andén Verde, alcanzan los 1.000 m de altura.

La isla de Fuerteventura es la segunda del archipiélago en superficie (1.655 km^2) y la de formación más antigua, por lo que está muy erosionada; presenta pocos accidentes montañosos y zonas arenosas en sus costas; su extremo suroeste está formado por la península de Jandía, en la que está la principal altura: el pico de Jandía.

Lanzarote (805 km^2) es la isla más oriental del archipiélago; está formada por materiales volcánicos recientes y muy visibles; el volcán Timanfaya estuvo despidiendo lava y cenizas entre 1730 y 1736, cubriendo más de 200 km^2; los materiales volcánicos constituyen el paisaje más común de la isla, cuyas mayores elevaciones no superan los 500 m; tan sólo las peñas del Chache, junto a los riscos de Famara, destacan por sus 670 m de altitud.

Clima

El clima canario es de tipo oceánico subtropical. Las temperaturas son suaves en todas las estaciones y las precipitaciones escasas, sobre todo en las vertientes meridionales de las montañas. Fuerteventura y Lanzarote son las islas más áridas: tan sólo se registran entre 150 y 200 mm de precipitación anual. Los vientos alisios son frecuentes, lo que produce un efecto suavizador del clima. Los vientos procedentes del Sahara provocan subidas destacadas de la temperatura y suelen transportar polvo en suspensión. En Tenerife, por su especial configuración, se dan zonas de clima templado: La Laguna tiene una temperatura anual cuyo promedio es de 16 °C, cuando la más frecuente en las zonas costeras de todas las islas supera los 19 °C. Sobre el Teide suele haber nieve casi todo el año.

Flora y fauna

La vegetación natural es muy variada: hay casi 500 especies diferentes, de entre las que destaca el drago, el tajinaste y la siempreviva. La vegetación varía según la situación y la altura; en las zonas orientadas al norte y noroeste, más húmedas, hay plantas mesófilas (lauráceas, brezales), mientras que en las del sur y suroeste, con muy pocas precipitaciones, predominan las especies xerófilas. En zonas elevadas aparecen pinares frondosos, como los de la isla de El Hierro.

Drago
En la imagen se observa el célebre drago de Icod de los Vinos, en la isla de Tenerife. Del drago, árbol originario de la islas Canarias, se extrae una resina roja, llamada sangre de drago, que contiene propiedades medicinales.

La fauna posee especies exclusivas, como el lagarto gigante de El Hierro y la rana de San Antón. Hay más de 70 tipos de aves (avutardas, herrerillos, ponzones, alpispas, petirrojos y canarios, entre otros). En las costas del archipiélago se obtienen especies como sardinas, chicharros, atunes y las viejas, especie que se da en muy pocos lugares de la Tierra.

Canario
Los canarios, populares como mascotas, proceden de las islas Canarias y de Madeira. Se crían por su canto, aunque antaño se usaron para detectar gases en minas de carbón. Si bien los canarios silvestres (como el de la imagen) suelen tener marcas de color pardo oscuro o verde, los domésticos son casi totalmente amarillos. Si se les da de comer pimiento rojo, sus plumas pueden volverse de un llamativo color anaranjado.

Una de las buenas razones para visitar las islas Canarias es la calidad de la conservación de sus ecosistemas, refrendada en la categoría de cuatro de sus espacios naturales protegidos, que han llegado a engrosar la Red de Parques nacionales española. Esos cuatro lugares son: el Parque nacional de la Caldera de Taburiente, en la isla de La Palma; el Parque nacional Timanfaya, en Lanzarote; el Parque nacional de Garajonay, en La Gomera; y el Parque nacional del Teide, en la isla de Tenerife. Tal cantidad de parques nacionales convierte a la comunidad canaria en la mejor dotada a este respecto de toda España.

Si analizamos los datos sobre la biodiversidad en el Archipiélago Canario, se puede destacar que en la actualidad se recogen 1.440 especies pertenecientes a la biota cultivada (1.411) y a la biota criada (29), y 808 variedades o razas de las cuales 402 son razas foráneas y 406 autóctonas133 (386 variedades de plantas y 20 razas de animales). Este es el balance que hizo Antonio Machado hace unos años (Machado, 2002) y que en estos momentos ya ha quedado desfasado, siendo necesaria la realización de un nuevo recuento que considere las numerosas novedades que se han venido realizando en los últimos años. Cambios en temas relacionados con la biota suelen ser frecuentes. Basta, por ejemplo, consultar cualquiera de los volúmenes de la revista *Vieraea*, que fundé allá por 1970 y que es la publicación científica del Museo de Ciencias Naturales de Tenerife actualmente dirigida por el Dr. Juan José Bacallado, para comprobar como todos los años se publica información referente al descubrimiento de nuevas especies o al hallazgo de especies conocidas en otras regiones, pero quepreviamente no se habían identificado en Canarias.

Es importante destacar que en Canarias contamos al menos con 386 variedades de plantas y con 20 razas de animales que son autóctonas de este archipiélago. Las razas se originan en muchas ocasiones como consecuencia de la adaptación de los organismos a unas particulares condiciones ecológicas, o por manipulación humana a lo largo de mucho tiempo. El término 'raza' se aplica para los grupos en los que se subdividen algunas especies, basados en una serie de características que se transmiten por herencia genética. Aunque la raza no tiene valor taxonómico, su uso semantiene en la lengua común, y es importante en animales domésticos. Por otra parte, las variedades entre las plantas cultivadas han sido el resultado de la experimentación humana mediante cruces realizados de una manera empírica y sin ningún tipo de estudio científico previo. Una experimentación hecha por intuición, por inteligencia, y por la capacidad de probar, de ensayar, y comprobar que entre tantos fracasos, a veces se llegan a obtener resultados positivos. Así ha ido avanzando, transmitida la información vía oral, de generación en generación. Generalizada la aplicación rigurosa del método a la que fueron incorporadas de forma progresiva todas las innovaciones tecnológicas se ha producido la gran proliferación de variedades cultivadas en el momento actual.

El camello majorero es un ejemplo de raza autóctona. Los camellos fueron introducidos en Canarias en el siglo XV procedentes del Sahara por normandos y castellanos. También hay razas autóctonas de perros, y de ganado ovino, caprino, bovino y porcino. Las cabras canarias, según parece, no han tenido problemas de brucelosis como ocurre con las de otras regiones. La ausencia de esta enfermedad en el ganado caprino autóctono puede deberse quizá a varias causas entre ellas a la existencia de un sistema inmunológico propio de las cabras canarias que aparentemente las mantiene inmunes a esta enfermedad. La presencia de razas autóctonas otorga un valor añadido a la ganadería de Canarias y este tesoro genético, cuyo valor supera el puramente económico y comercial, debe ser protegido y conservado a ultranza para evitar su pérdida.

Otra raza autóctona que merece destacarse es la de la abeja negra canaria responsable, por ejemplo, entre otras especies de la polinización de las retamas en el Parque Nacional del Teide y artífice de la elaboración de la magnífica miel de Las Cañadas. La abeja negra canaria (Fig. 6) es una de esas pequeñas joyas genéticas que habita en Canarias desde hace unos 200 mil años, logrando un nivel de adaptación al medio excelente. Se caracteriza por presentar altos grados de productividad y de mansedumbre, características muy valoradas por los apicultores, ya que la ausencia de agresividad resulta esencial en un territorio donde es difícil habilitar colmenas alejadas de los núcleos de población. Pues bien, la introducción de abejas foráneas, al parecer más laboriosas y productoras de más miel que la canaria, ha originado un híbrido sumamente agresivo, lo que constituye otro caso típico de alteración de nuestra biodiversidad por una manipulación incorrecta. De modo que, simplemente por fines productivos, se ha generado de manera involuntaria un grave problema ambiental.

En La Geria de Lanzarote, unos paisajes de cenizas y escorias volcánicas originadas como consecuencia de las erupciones sufridas entre 1730 y 1736, transformaron por completo un tercio de la isla que era eminentemente agrícola. Desde entonces el ser humano ha creado a lo largo de los siglos un modelo de agricultura único en nuestro planeta. En estas condiciones climáticas y sobre este sustrato volcánico de "hoyos de rofe" se cultivan viñedos y otros cultivares perfectamente adaptados a estos ambientes tan singulares. Pasada la crisis vitivinícola de los siglos pasados a mediados del siglo XX se inicia en Canarias un nuevo período donde junto a las nuevas tecnologías enológicas industriales se rescatan muchas de las variedades de viñas autóctonas que en la actualidad han revitalizado la actividad enológica aparentemente recuperada después del ciclo histórico de declive antes mencionado. Así, la segunda producción agrícola histórica de las islas después de la caña de azúcar, ha vuelto a imponerse como un recurso sólido dentro del sector primario insular.

Las variedades de papas también merecen un comentario. Se han contabilizado unas 46 variedades diferentes, de las que muchas podrían corresponder a papas procedentes de Perú y Bolivia llegadas a Canarias poco después del descubrimiento de América (Marrero, 2007). Hay unas 15 variedades que se quiere denominar papas antiguas y están vinculadas a la gastronomía tradicional. En la actualidad hay una clara tendencia a redescubrir las papas canarias después de unas décadas en las que la incorporación de variedades de ciclo corto más productivas fue relegando a las papas tradicionales. Estas joyas de nuestra agricultura se conservan por el esfuerzo y tesón de nuestros campesinos, generación tras generación. Son un producto agrícola con características excepcionales, y por su importancia económica, paisajística y medioambiental, merecen recibir el apoyo de todos nosotros para su conservación y propagación.

El registro de la biodiversidad existente en Canarias ha requerido un importante esfuerzo de actualización continua. Desde que se publicara en 2001 la primera lista de especies terrestres (hongos, animales y plantas) del archipiélago, el conocimiento de la biota ha aumentado a un ritmo extraordinario, debido no sólo a la descripción de nuevas especies, sino también por el hallazgo de otras especies no registradas hasta entonces. El último listado (datos de 2009) incluye un total de 14.884 taxones, que corresponden a 14.254 especies y 630 subespecies. Todos ellos son seres vivos, distintos, que conviven con nosotros. Los listados de 2003 para el medio marino recopilaron un número bastante inferior, 5.295 taxones (5.232 especies y 63 subespecies), principalmente debido a que el medio marino es mucho más difícil de explorar, y que la vida de los fondos profundos es todavía, en lo que se refiere a los organismos de pequeño tamaño, bastante desconocida. La vida en el mar no termina a la profundidad donde deja de llegar la luz que permite realizar la fotosíntesis a las algas, unos 200 metros en estas latitudes, sino que continúa en aguas más profundas donde la luz no es necesaria. En estos fondos marinos no viven productores primarios pero sí muchos organismos que se encargan de transformar toda la materia orgánica de los seres que mueren más arriba y cuyos restos caen hacia las profundidades. Sobre los seres que viven a pocos metros de profundidad existe un buen conocimiento pero conviene recordar que entre las islas se logran cotas de hasta 3.000 m de profundidad, de modo que considerando estas magnitudes pueden darse una idea del inmenso campo de investigación que queda aún por explorar en la biodiversidad del medio marino canario.

Si comparamos el número de especies silvestres que habita en cada isla, se observa que Tenerife es la isla que alberga un mayor número de especies, es por tanto la más biodiversa. Esto se debe, entre otras cosas, a que es la isla más grande, la más alta, y también la más estudiada. La incorporación del conocimiento biológico de las islas a lo largo del tiempo ha sido mucho más tardía en la mayoría de ellas, que en Tenerife, cuya biodiversidad se comenzó a conocer a principios del siglo XVIII, cuando el clérigo, matemático y naturalista padre Feuillée enviado por la Academia de Ciencias de París vino a Tenerife para medir la altura de El Teide. Fue el primer naturalista que realizó directamente sobre el terreno la descripción y clasificación de algunas de nuestras plantas endémicas.

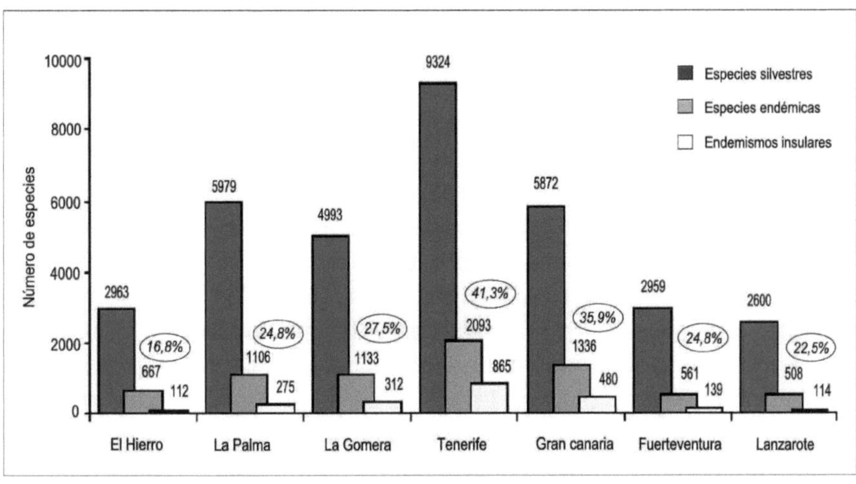

Datos numéricos de la biota terrestre para cada isla del Archipiélago Canario: especies silvestres, endémicas y endémicas insulares, según la Lista de Especies Silvestres de Canarias (Hongos, plantas y animales terrestres 2009). El porcentaje de endemismos exclusivo de cada isla se indica en el interior de un círculo.

En los siglos precedentes muchas plantas canarias, recolectadas principalmente por viajeros genoveses, flamencos e ingleses, habían llegado a los museos y jardines botánicos europeos recién iniciado el proceso de colonización de las islas Canarias y por razones comerciales. Algunas especies incluso fueron descritas e iconografiazas en tratados botánicos prelinneanos. El botánico Carl Linné tuvo la oportunidad de describir plantas de Canarias sin haber estado nunca en las islas, dado que en el jardín botánico de Ámsterdam, ciudad donde residía, se cultivaba una colección de plantas canarias llevadas probablemente por mercaderes flamencos responsables de la comercialización del azúcar producido en los ingenios canarios. Por aquellos años, cualquier planta exótica tenía interés, y si resultaba posible, se cultivaba en los jardines botánicos.

En la figura también se puede comprobar como algunas islas relativamente pequeñas como El Hierro, tienen un número superior de endemismos que otras más extensas como Fuerteventura y Lanzarote. Esto se debe, no a que El Hierro haya sido mucho más estudiada, sino a que las islas orientales, Lanzarote y Fuerteventura, han sufrido unos procesos de degradación más intensos que los de la isla meridiana. En este sentido conviene considerar un aspecto cultural. Durante mucho tiempo, nuestros ancestros dispusieron de un modelo de ganadería que pastoreaba indiscriminadamente por los territorios insulares, de manera más o menos cimarrona en busca de su alimentación. Según datos etnológicos recogidos verbalmente de amigos veterinarios la población aborigen del archipiélago debía disponer en la época prehistórica de al menos dos a tres cabezas de ganado para garantizar sus necesidades alimenticias básicas y de subsistencia. Pues bien, teniendo en cuenta que una cabra consume como mínimo del orden de dos kilos diarios de material verde, es posible imaginar la cantidad de alimentación vegetal que rebaños de unas quince mil cabras deambulando por Las Cañadas habrán podido devorar durante algo mas de mil quinientos años. Las islas de Fuerteventura y Lanzarote con sus terrenos fuertemente pastoreados y fuertemente degradados, mantienen todavía grandes rebaños de cabras capaces de comer cualquier material con celulosa. La cabra es un animal tan extraordinario que es capaz de transformar en alimento incluso cartón.

Una de las características de nuestra biodiversidad, y sobretodo de la biodiversidad vegetal, es que cada isla cuenta con sus propios endemismos (endemismos insulares), y en ocasiones, cada comarca, también. Teno y Anaga tienen especies que no han sido encontradas en otros lugares, y lo mismo ocurre en Las Cañadas. Las condiciones climáticas y las condiciones geológicas permiten que ocurra un fenómeno, la radiación adaptativa, que promueve la diversificación y la proliferación de especies endémicas a partir de ancestros comunes. Así, entre los endemismos que habitan en El Hierro el 16,8% son exclusivos de esa isla; mientras que es de nuevo la isla de Tenerife la que con un 41,3%, cuenta con un mayor porcentaje de endemismos insulares.

Uno de estos endemismos, tiene el nombre genérico dedicado a un ilustre políglota y humanista canario, José de Viera y Clavijo, natural de Los Realejos y que venía aquí, al Puerto de la Cruz, a formarse leyendo los libros de la ilustración francesa que llegaban clandestinamente a la isla escondidos en los barcos que realizaban el comercio del vino con los países europeos. *Vieria laevigata* es un tipo espectacular de margarita endémica de Masca. Viera fue uno de los primeros canarios que tuvo la gran oportunidad de salir fuera del archipiélago e ilustrarse en sus viajes por Europa, en especial durante su larga estancia en Paris. Al retornar a Canarias y establecerse en Las Palmas de Gran Canaria creó un gabinete científico donde impartió las primeras clases de ciencias de la naturaleza en Las Palmas de Gran Canaria. La inquisición canaria intentó condenarle en varias tentativas por apartarse de la línea religiosa dogmática de aquel tiempo pero el ilustre enciclopédico dispuso de las necesarias amistades y argumentos para evitar su procesamiento.

Otro ejemplo de especie con distribución muy restringida es *Lavatera phoenicea*, una especie de malva de risco, también muy rara que crece en Anaga y localmente en el Barranco de Cuevas Negras en el municipio de Los Silos. Como buena malvácea, sus flores destacan por sus estambres unidos entre sí en un solo haz, que resulta muy llamativo, por ejemplo en los hibiscos, plantas ornamentales tan frecuentes en nuestros parques y jardines, donde es posible admirar durante todo el año sus espectaculares flores.

El grupo de los bejeques del género *Aeonium* reúne un elevado número de endemismos exclusivos en su mayoría de Canarias. Unas pocas especies están presentes en Marruecos o en el cuerno de África, que es uno de esos puntos con los que mantenemos conexiones importantes desde el punto de fitogeográfico. *Greenovia dodrentalis* (Fig. 11) es uno de los pasteles de risco o bejeques exclusivos de Teno y Anaga, dos comarcas de la isla Tenerife que constituyen reservorios de elementos exclusivos. Se trata de dos territorios que han estado durante mucho tiempo separados y poco afectados por las grandes erupciones volcánicas y los consiguientes fenómenos geológicos que fueron construyendo la dorsal de la isla y la posterior formación de la gran caldera de Las Cañadas. Junto a estas erupciones los grandes deslizamientos gravitacionales producidos a lo largo de la historia insular contribuyeron a arrasar grandes masas de vegetación y de seres vivos. Sobre estos sustratos

nuevos que quedaron al descubierto casi desprovistos de vida, la tranquilidad volcánica y el clima contribuyeron de forma decisiva a la lenta y progresiva recolonización biológica. Por tanto es necesario remarcar que la lucha biológica de nuestros seres vivos, de estos endemismos, ha sido siempre una historia basada en la destrucción y en la reconstrucción. La destrucción ligada a coladas lávicas, lluvias de lapilli o a nubes incandescentes que descendiendo por las laderas del edificio insular destruyeron a su paso, a lo largo de la vida geológica insular, gran parte de un poblamiento biológico que luego tardó miles de años en volverse a recuperar o en evolucionar progresivamente hacia nuevas formas o especies. En ese escenario destructivo, dos islotes en los extremos de la isla, Teno y Anaga, permanecieron poco afectados a las erupciones pero sometidos durante miles de años a la fuerte erosión meteorológica y telúrica responsables de su estructura geomorfológica actual. En estos espacios abruptos, auténticos santuarios biológicos permanecieron numerosas biocenosis intactas desde las cuales se produjeron los fenómenos biológicos responsables de las innumerables recolonizaciones. La capacidad de recuperación biológica es un factor primordial en la dinámica y evolución de los paisajes vegetales.
Entre estos endemismos que tienen un área de distribución muy reducido está el anís de Jandía (*Bupleurum handiensis*), que en la figura 12 aparece refugiado en medio de un cardón del hermoso cardonal que existe a media altura en el barranco de Jinámar de Jandía en Fuerteventura. El cardón siempre ha sido una especie de fortaleza en la que otras plantas han encontrado refugio frente a la presión depredadora de los herbívoros.
La toxicidad del látex (leche de cardón) y sus efectos irritantes sobre los ojos ha limitado el ramoneo del ganado entre las ramas del cardón. Esta especie ha sufrido sistemáticamente los efectos brutales de la presión humana. Grandes poblaciones de magníficos ejemplares han sido arrasadas de sus áreas de distribución potencial. Basta recordar como triste ejemplo los miles de cardones destruidos recientemente en los márgenes de la autopista del sur durante las obras de su última ampliación. El cardón es una planta cactimorfa, cuyas hojas se han transformado en espinas. El vertido de su látex en los charcos situados en el mesolitoral costero fue una práctica utilizada por las poblaciones aborígenes para capturar fácilmente peces en estos ambientes de la bajamar al quedar aturdidos como consecuencia de la toxicidad del látex. El cardón de Jandía (*Euphorbia handiensis*) es el símbolo vegetal de Fuerteventura, y es exclusivo de esa comarca del sur de la isla. Fue descubierto por otro eminente científico, que aún no he nombrado, que vivió durante muchos años en La Orotava. Se trata del médico, meteorólogo,

botánico y naturalista alemán doctor Oscar Burchard, nacido en Hamburgo en 1863 y afincado con su familia en La Orotava, donde falleció en 1949. Burchard gran aficionado a la fotografía, recolectó y estudió muchas plantas canarias en especial el grupo de las crasuláceas endémicas. En su casa situada cerca del barranco de San Antonio logró cultivar en su jardín algunas colecciones de especies endémicas. Recuerdo hace algunos años que Isidoro Sánchez, al que tanto interesa todo lo relacionado con el valle de La Orotava, me acompañó por la Villa para localizar la vivienda de Burchard. Ante mi curiosidad por averiguar su tumba en el cementerio municipal, me dijo Isidoro que al parecer, por su condición de protestante, no se le había dado sepultura en el cementerio público reservado sólo para los católicos. Una ampliación del mencionado recinto había eliminado del espacio no católico las sepulturas de aquellos ciudadanos que no profesaron la religión oficial de la dictadura.
El cardón de Jandía es una planta protegida que en la actualidad ha sido descatalogada del catálogo oficial de plantas amenazadas. Pasa por ese motivo a ser una especie desprotegida en un lugar por donde pasa tanta gente en vehículos de todo tipo por las numerosas pistas que recorren la península de Jandía rumbo a Cofete. Esta circulación incontrolada ha afectado de modo notable a las poblaciones donde hemos podido observar una disminución importante de las mismas. La gente recolecta esta joya natural para llevarla a las casas como planta ornamental. Es un cardón bellísimo, muy espectacular y diferente a nuestro cardón canario. Por su morfología recuerda a los cardones africanos.
Fuerteventura puede ser considerada una prolongación de África en el Atlántico por sus paisajes áridos y su singular vegetación. He tenido la oportunidad de comprobar personalmente en Mauritania las grandes afinidades que existen entre la costa occidental africana con las llamadas islas Purpurarias, Lanzarote y Fuerteventura.

Diversidad ecosistémica

Es la diversidad de las comunidades biológicas (las biocenosis) cuyo conjunto constituye la biosfera. Los instrumentos con los que contamos en la actualidad para la protección de las comunidades biológicas canarias son los contemplados en la Red Canaria de Espacios Naturales Protegidos, Natura 2000 y Reservas de la Biosfera.

La **Red Canaria de Espacios Naturales Protegidos** se compone de 146 espacios, que en su conjunto constituyen aproximadamente el 40% de la superficie del archipiélago. La red fue diseñada como un sistema de ámbito regional con el fin de que todas las áreas protegidas se gestionaran como un conjunto, para contribuir a conservar la naturaleza y proteger los valores estéticos y culturales de los espacios naturales. Las distintas categorías de protección que integran esta red son los Parques Nacionales, Parques Naturales, Parques Rurales, Reservas Naturales Integrales, Reservas Naturales Especiales, Monumentos Naturales, Paisajes Protegidos y Sitios de Interés Científico.

Tabaibales y cardonales han caracterizado y aun caracterizan algunos importantes espacios de los territorios insulares. En Teno, en Anaga, en el Andén Verde en Gran Canaria, por sólo citar algunos ejemplos, es posible contemplar abundantes laderas y acantilados poblados de grandes cardonales. En el occidente de El Hierro, es posible admirar uno de los más hermosos tabaibales que se conservan en Canarias, el llamado 'tabaibal manso' caracterizado por sus hermosos ejemplares de tabaibas dulces o mansas (*Euphorbia balsamifera*). Los grandes espacios occidentales de la isla de El Hierro albergan unas formaciones vegetales naturales sobre sus jóvenes cráteres y corrientes volcánicas de pujanza excepcional. En los días tranquilos sólo turbados por la brisa, en estas extensas soledades el silencio es el protagonista. Desde mi punto de vista particular he disfrutado de estas sensaciones en la isla meridiana y en noches estrelladas o atardeceres y amaneceres vividos en Las Cañadas del Teide. Ha sido, de alguna forma, como comulgar con la Naturaleza en un sentido estrictamente metafórico. El silencio es un bien escaso en una sociedad de consumo caracterizada por el ruido, el griterío humano, el despilfarro de recursos y la contaminación lumínica. En Teno también es posible reconocer bellos paisajes en los que los cardones (*Euphorbia canariensis*) son los protagonistas principales.

Hermosos palmerales, como los del barranco del Malnombre o el de Fataga en Gran Canaria pueden ser observados en algunas islas.Desde mi punto de vista, y sin despreciar a los de las restantes islas hermanas, Gran Canaria alberga los mejores palmerales de Canarias, conservados casi seminaturales principalmente en la partes centrales y meridionales de la isla. La palmera (*Phoenix canariensis*) fue designada en su día por el Parlamento de Canarias como símbolo vegetal del archipiélago canario. Sin embargo, para promocionar las islas se utilizó en tiempos recientes un logotipo basado en una imagen distorsionada de la especie exótica natural de Sudáfrica *Strelitzia reginae*, especie introducida como planta ornamental en Tenerife por los años cuarenta del pasado siglo.

Considero un deber fundamental defender como símbolo oficial en toda la publicidad referida a nuestra comunidad autónoma a la verdadera representante de nuestra identidad: la palmera canaria.
Les contaré una anécdota. Hace unos años la Sociedad Botánica Italiana me invitó a dar una conferencia en la Academia de Ciencias de Roma. Cuando ascendí a la parte más alta de la cúpula de San Pedro, cual sería mi sorpresa al ver que en los jardines del Vaticano había un palmeral canario. Los papas han estado disfrutando pues de la sombra y de la belleza de las palmeras canarias durante muchos años. He tenido la suerte de contemplar a nuestra palmera en muchos lugares de Europa, en Japón, en Egipto, en Hawai, en Andalucía etc. Es sin duda la planta que mejor nos representa, la majestuosa palmera canaria. En Tenerife todavía se conservan también algunos palmerales importantes.
Probablemente uno de los más bonitos es el palmeral del barranco de Salazar en San Andrés. El palmeral llega a asociarse con un sauzal con fayas instalado sobre un arroyo de aguas permanentes que discurre por un barranquillo, en cuyas laderas crecen tabaibas, cardones y brezos. Este lugar es como un libro abierto de la naturaleza canaria que suelo visitar con frecuencia con los alumnos. Allí quedan sorprendidos de que aún existan parajes como éste en Tenerife.
En nuestro progresivo recorrido de ascenso por los pisos bioclimáticos alcanzamos las comunidades de sabinares, como el de Afur, en Anaga La sabina canaria (*Juniperus turbinata* ssp. *canariensis*) es un arbusto que crece en la zona de transición entre el matorral costero y el monteverde o el pinar. El sabinar es una de las formaciones que ha resultado más degradada por la acción humana especialmente después de la conquista, por el valor de su madera. En la actualidad, sólo quedan restos de sabinares que ocupan pequeñas extensiones, los mejores en el noroeste de El Hierro y La Gomera. En Tenerife quedan el de Afur y el de Punta de Anaga. El monteverde húmedo está situado donde la influencia del mar de nubes se hace notar con más intensidad y los suelos están más desarrollados. En el parque rural de Teno se puede observar lo que queda del monteverde del Monte del Agua. Aquí son comunes especies como el loro (*Laurus novocanariensis*), el viñático (*Persea indica*), el acebiño (*Ilex canariensis*) o el til (*Ocotea foetens*). El sotobosque también es muy diverso con especies como la cresta de gallo (*Isoplexis canariensis*), la malfurada (*Hypericum grandifolium*) o el bicacaro (*Canarina canariensis*), además de helechos, musgos, líquenes y hongos.
Llegamos al pinar. El pinar genuino de las islas es una formación caracterizada por el pino canario (*Pinus canariensis*), que crece por encima

de la zona de nubes del monteverde. Existen pinares naturales en las islas de Gran Canaria, Tenerife, La Palma y El Hierro. El pinar ha sufrido a lo largo de la historia y de forma reiterada, incendios, distintos tipos de explotación y extensas repoblaciones, que han ido modificando su paisaje natural; además de reforestaciones con pinos foráneos. En La Palma el pinar canario constituye la principal formación forestal de la isla y, a pesar de los incendios, conserva viejos ejemplares de pino, de los mejores del archipiélago. La presencia del pino canario en materiales volcánicos recientes pone de manifiesto no sólo su capacidad colonizadora sino también la gran adaptación de la especie a estos ambientes tan exigentes. El pinar en los alrededores del volcán de San Juan, originado en la erupción de 1949, es ilustrativa de esta singularidad. Sobre la erupción posterior ocurrida en La Palma, la del Teneguía en 1971, puedo contar una anécdota de Telesforo Bravo. Yo tenía que ir a un congreso a Barcelona por los días en los que se habían iniciado los ligeros movimientos sísmicos que precedieron a la erupción. El laboratorio de botánica en la universidad y el despacho de Telesforo estaban puerta con puerta y nos veíamos con mucha frecuencia. Cuando me despedí, Telesforo me dijo: "cuando vuelvas de Barcelona tendremos un volcán; no sé si va a ser en el sur de Tenerife o en La Palma". Y fue, justamente cuando entraba en el hotel de Barcelona, cuando vi en el televisor la primicia informativa de la erupción del Teneguía.

El sabinar de Afur, en Anaga (arriba), es actualmente una de las escasas comunidades que se conservan de sabina canaria (*Juniperus turbinata* ssp. *canariensis*) en Tenerife, una formación muy degradada por el valor de su madera.

En el monteverde del Monte del Agua (abajo), en el parque rural de Teno, se conservan muchos de los árboles más característicos del monteverde húmedo es indicativo de la gran capacidad colonizadora y de adaptación de esta especie a ambientes tan difíciles. En algunas zonas de Las Cañadas, la hierba pajonera (*Descurainia bourgaeana*) es muy abundante y aparentemente le está ganando espacio a la retama del Teide (*Spartocytisus supranubius*), la especie más abundante del Parque Nacional (Fotos: V.E. Martín).

Los matorrales más extensos de la alta montaña canaria, se encuentran en las cumbres de La Palma y en las de Tenerife. Especies endémicas de esos territorios dan carácter al paisaje vegetal de estas cumbres. En los matorrales de Las Cañadas la hierba pajonera (*Descurainia bourgaeana*) le está ganando espacio actualmente a la retama del Teide (*Spartocytisus supranubius*). Esta crucífera es un magnífico pasto, y al no haber ganado que la consuma y tener una producción de semillas muy superior he observado en estos últimos años

como le va ganando territorio a la retama. Pero aún así, la retama sigue siendo la especie más abundante en el Parque Nacional del Teide.
Por último, no quiero dejar de hacer una referencia a una especie muy llamativa del Parque Nacional del Teide, el tajinaste rojo (*Echium wildpretii*) cuyo epíteto específico fue dedicado por el botánico suizo Hermann Christ a mi bisabuelo Hermann Wildpret. Mi bisabuelo pasó 36 años al frente del Jardín de Aclimatación de La Orotava. Fue el alma del jardín y su trabajo y sus relaciones internacionales y locales contribuyeron de manera decisiva a elevar el prestigio de esta institución a nivel internacional. El tajinaste rojo es, sin duda, una de las plantas más hermosa y sorprendente de la biota de Canarias.

SEYCHELLES, PARAISO INSULAR

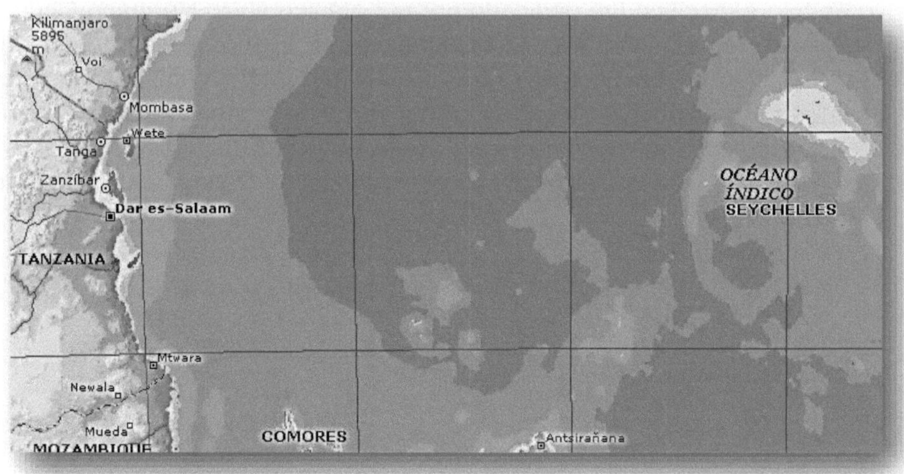

Bandera de las Seychelles

Seychelles (nombre oficial en creole, *Repiblik Sesel;* en inglés, *Republic of Seychelles;* en francés, *République des Seychelles,* República de las Seychelles), república independiente formada por un archipiélago de 115 islas esparcidas por el océano Índico occidental al noreste de la isla de Madagascar; es miembro de la Commonwealth y posee 454 km² de superficie.

Territorio y población

Las hermosas Seychelles

Las Seychelles, un grupo de 115 islas esparcidas por el océano Índico occidental, son un conocido destino turístico. El país consta de dos tipos distintos de grupos de islas: el grupo Mahé, graníticas y montañosas, en el norte, y las islas bajas coralinas que se extienden hacia el sur, formadas por la acumulación prolongada de exoesqueletos de coral, algas y moluscos.

El país consta de dos tipos distintos de grupos de islas: el grupo Mahé en el norte y las islas bajas coralinas que se extienden hacia el sur. Las islas del grupo Mahé están formadas por rocas graníticas y tienen un interior montañoso donde se alcanzan alturas de 900 m; en este grupo se encuentran todas las grandes islas del país: la isla de Mahé (la mayor), Praslin, Silhouette y La Digue. El segundo grupo lo componen islas coralinas que en su mayoría no tienen recursos de agua y están deshabitadas. La población de las Seychelles en 2008 era de 82.247 habitantes. La capital, principal ciudad y puerto más importante es Victoria (con una población en 1990 de 35.000 habitantes) en la isla de Mahé. Alrededor del 90% de la población del país habita en Mahé. La mayor parte de la población tiene mezcla de ascendencia francesa y africana, aunque también están presentes minorías chinas e indias. El inglés y el francés son los idiomas oficiales, pero es más común hablar el *creole,* un idioma *patois* basado en el francés. Alrededor del 90% de la población es católica.

Temas medioambientales

Prácticamente toda la superficie del país está protegida (0,99%), lo que le convierte en muy atractivo para el turismo. Existe cierta presión sobre el hábitat salvaje y algunas especies están amenazadas, por lo que se han declarado una serie de espacios naturales para proteger la fauna, incluidos los parques marinos para la conservación de las tortugas gigantes y las tortugas verdes marinas.

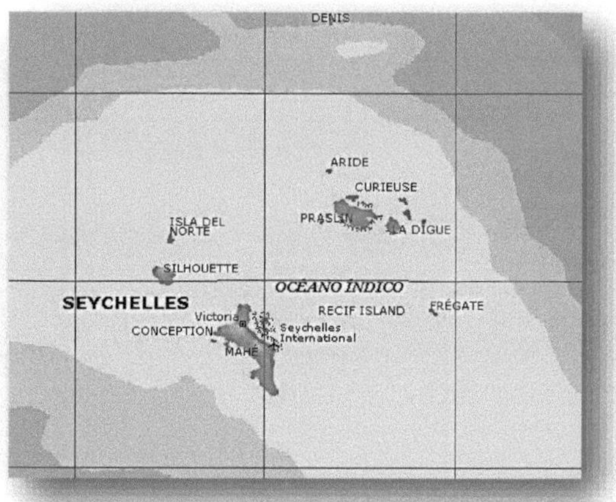

Economía y gobierno

Pesca en la isla Mahé
La mayor parte de la población de las Seychelles vive en Mahé, la mayor isla, donde el turismo es la principal industria. Los pescadores de este archipiélago proporcionan un suministro de pesca suficiente para el consumo interno y para el mercado exterior.

Los principales sectores de la economía son el turismo, la agricultura y la pesca. En 2006 los ingresos por turismo fueron de 36 millones de dólares. El comercio está dominado por la importación y reexportación de petróleo; otras exportaciones son el pescado, la copra y la canela en rama. Se cultivan distintas frutas para el consumo nacional; sin embargo, el arroz, alimento básico, proviene del exterior. Desde que finalizó la construcción del aeropuerto internacional en Victoria en 1971, el turismo ha aumentado con rapidez. El único producto mineral es el guano. En 2006 el presupuesto anual era de 406,6 millones de dólares en gastos corrientes y de capital; y 443,2 millones de dólares de ingresos. La unidad monetaria es el rupee o rupia de Seychelles (5,50 rupias equivalían a un dólar en 2006).

De acuerdo con la Constitución de 1979, el poder ejecutivo se encuentra en manos de un presidente elegido por el pueblo para un periodo de cinco años. El presidente elige un consejo de ministros para que funcione como cuerpo consultivo. El poder legislativo se encuentra en manos de la Asamblea Popular, que cuenta con 23 miembros elegidos por el pueblo y 2 nombrados por el presidente. El Frente Progresista Popular de Seychelles es el principal grupo político; los partidos de la oposición fueron legalizados en 1991.

Historia

Es posible que el archipiélago ya fuera conocido por los árabes en el siglo IX; los portugueses visitaron las Seychelles en 1502. En 1756 Francia reclamó las islas que entonces estaban deshabitadas y en 1768 comenzaron a asentarse en ellas plantadores franceses con sus esclavos. En 1794 Gran Bretaña se anexionó las Seychelles. Las islas fueron administradas desde Mauricio durante la mayor parte del siglo XIX y en 1903 se convirtieron en una dependencia británica separada.

Los partidos políticos, entre los que destacan el Partido Democrático encabezado por James Mancham y el Partido de la Unidad Popular dirigido por Albert René, comenzaron a formarse en la década de 1960. Su petición de autogobierno promovió la redacción de una nueva Constitución en 1967 y tres años más tarde se estableció una forma de gobierno ministerial. Hacia 1974 los dos grandes partidos, aunque eran encarnizados antagonistas, se habían unido en la demanda de independencia. Cuando el 29 de junio de 1976 se obtuvo la independencia, se formó un gobierno de coalición con Mancham de presidente y René como primer ministro. Un año después, mientras Mancham estaba en el extranjero, René organizó un golpe de Estado y asumió plenos poderes. En 1978 René estableció un régimen de partido único y a tal efecto se proclamó una nueva Constitución en 1979. Hubo un intento por parte de mercenarios con base en Sudáfrica de restaurar a Mancham en el poder, pero con la ayuda de Tanzania fue desbaratado en 1981, y en 1982 se frustró un motín similar. Hubo varios intentos más de golpe de Estado que fueron sofocados a finales de la década de 1980.

NUEVA ZELANDA, LAS ISLAS DE LA BRUMA

Las islas, verdaderos santuarios de formas animales arcaicas, auténticos archivos de endemismos que hubieran desaparecido bajo la marea de los grupos más modernos que compiten en los continentes, no escapan a la amenaza de las presiones destructoras del hombre, que, roturando los terrenos e importando especies alóctonas, ha puesto en peligro la integridad de paradisíacos y singulares paisajes como los aún existentes en Nueva Zelanda, a cuya isla Sur corresponde la fotografía.

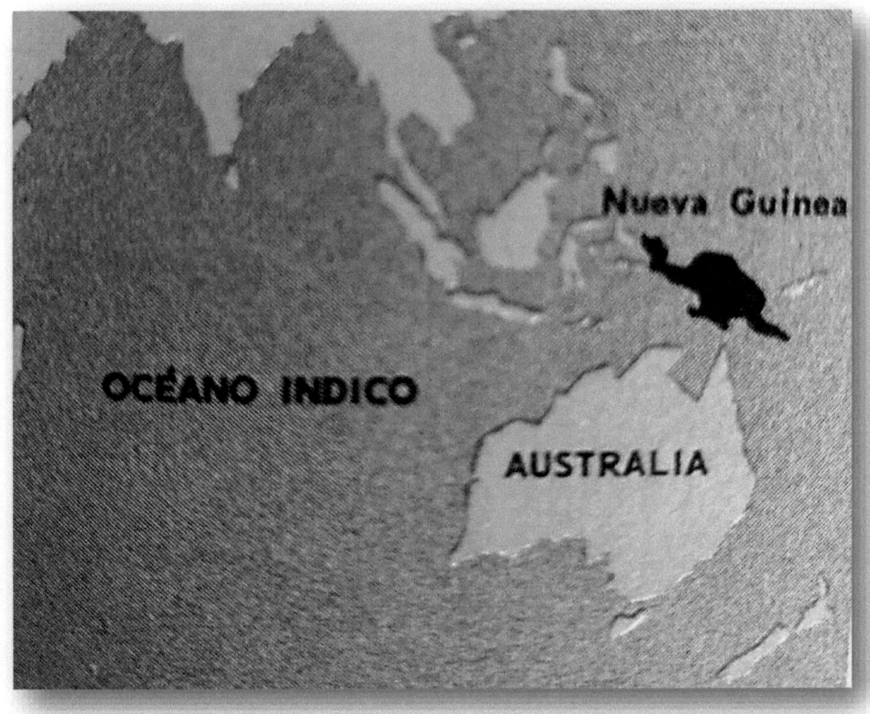

El mosaico animal neozelandés ha sido construido merced a tres grandes migraciones. La primera, ocurrida en los tiempos, a través de un puente detierra originó la primitiva fauna autóctona que, a la llegada del hombre polinesio ev el año mil, se incrementó por dos especies transportadas: la rata y el perro (en negro). Finalmente, a partir de 1779, las importaciones humanas se hacen masivas y comienza en los terrenos isleños lo que más tarde llegaría a adquirir caracteres de tragedia ecológica.

El cuscús de Papua Nueva Guinea, otro primate muy primitivo.

Es cierto que incidencias climáticas o geológicas, como las glaciaciones o las erupciones volcánicas, pueden ocasionar grandes cambios en las faunas de las islas continentales, pero raramente pasan inadvertidas para el biogeógrafo las pistas que le permitan establecer su familiaridad con los continentes de que proceden.

Muy distinto es el caso de las islas oceánicas, cuya formación se debe a una súbita erupción volcánica que deposita masas de lava sobre el fondo del océano hasta aflorar a la superficie, o al más lento, sistemático, pero no menos llamativo trabajo de los invertebrados marinos que, como los corales, forman verdaderas montañas de naturaleza calcárea que emergen gloriosamente bajo el sol en los mares tropicales.

Creado el elemento sólido, la vida va llegando de las maneras más insospechadas. Las semillas vegetales pueden venir a bordo de las naves que constituyen sus propias cubiertas impermeables, como las nueces de los cocoteros. Pueden arribar también entre los excrementos de las aves viajeras o adheridas a sus plumas, del mismo modo que los invertebrados. Los huracanes transportan a las dotadas de elementos adecuados para la flotación aérea. Los pájaros marinos pelágicos, carentes de fronteras para atravesar los más anchos brazos de mar, transforman pronto en lugares de nidificación las tierras recién emergidas. Pero incluso pájaros terrestres tan vulgares como los pinzones o tan torpes voladores como los rascones, desviados de sus ancestrales rutas de migración por el vendaval, pueden poner sus pies en arribada forzosa sobre las tierras que se transformarán en su cementerio o en su paraíso. Tal particularidad depende de la extensión de las islas, de su población por especies vegetales e invertebrados comestibles, de la falta o presencia de agua, del clima y de otros muchos factores.

Hay muchas características que retratan a los animales insulares y no son más que el fruto de un período evolutivo, más o menos largo, al margen de las presiones y, nos atreveríamos a decir, de las leyes que regulan la evolución en las masas continentales. Nos encontramos así con que, cuando unos pocos náufragos arriban a una isla bien poblada de vegetación, encuentran distintos nichos ecológicos disponibles, que, gracias a su plasticidad, van ocupando poco a poco. Tal es el caso de los pinzones de Darwin en las islas Galápagos o de los drepánidos en las Hawai. La modificación del pico de estas avecillas pone bien de manifiesto cómo, a partir de la forma ancestral y única de los primeros inmigrantes, la evolución insular ha ido modelando picos aptos para alimentarse de semillas, grandes o pequeñas, de frutos, de hierbas, de polen, de insectos o de otros invertebrados.

La cobertura vegetal de Nueva Zelanda devastada por las talas, roturaciones y por la indiscriminada utilización del fuego, conserva todavía zonas de bosque autóctono, verdaderos relictos de los tiempos pretéritos de los que buen ejemplo son los bosques de Podocarpus, formaciones con espeso sotobosque de variadas especies vegetales.

Junto a las recortadas costas de origen glacial, las "islas de la bruma" se salpican de territorios de acentuado vulcanismo. El paisaje neozelandés abarca formaciones de variado corte geológico, soporte de diversas formaciones vegetales.
Cuando el período evolutivo es más largo y las aves arriban a tierras aisladas donde la vegetación abunda y no existen predadores terrestres, pueden ocupar el nicho que en el resto del mundo explotan los mamíferos. Así, los moas de Nueva Zelanda, las aves elefante de Madagasear o los dodós de la isla Mauricio, alimentados copiosamente de vegetales, sin competidores que frenaran su expansión ni predadores que controlaran su crecimiento, no sólo pierden la capacidad de vuelo que les ha permitido llegar a las islas sino que adquieren tallas enormes, naturalmente más propias de un mamífero que de un ave.
Por todas estas razones, las islas son verdaderos santuarios de formas animales arcaicas que hubieran desaparecido bajo la marea de los grupos más modernos que compiten en los continentes. Son también un verdadero archivo de endemismos, es decir, de especies que, descendientes de los primeros colonizadores, procedentes sin duda de los continentes, adquirieron tal singularidad que no pueden encontrarse en ninguna otra parte del mundo. Son también los terribles cementerios donde la llegada de una especie nueva introducida por el, y sobre todo la predación ejercida por el hombre mismo, puede destruir en unas décadas lo que el aislamiento evolutivo edificó durante milenios. La triste suerte de los moas, exterminados por los cazadores premaoríes en el último milenio, la tragedia de los dodós, matados a bastonazos por los marinos que llenaban las bodegas de sus barcos con sus cuerpos, como reserva de carne, ponen bien claramente de manifiesto el fin de estas caprichosas pero apreciabilísimas formas de vida para el científico.
Desde el año 1680 han desaparecido en el mundo setenta y ocho especies de aves. De ellas, solamente nueve eran especies continentales; veinte eran habitantes de grandes islas, y cuarenta y nueve de islas menores de mil millas cuadradas. Por tanto, sólo el 9 por ciento de las aves extinguidas eran formas continentales, mientras que el 91 por ciento pertenecían a la avifauna insular. Es, quizá, en estas islas donde se percibe más claramente el impacto destructor de nuestra especie. Impacto que, por desgracia, representa ya un peligro para la supervivencia del propio hombre. Bueno será meditar las catástrofes insulares para evitar que ocurra algo parecido en las masas continentales que han sido cuna de la civilización y la prosperidad de la especie humana.

Las islas brumosas

No debió resultar difícil para los hábiles navegantes polinesios la localización de las islas que más tarde se agruparían bajo el nombre de Nueva Zelanda. Los dominadores del Pacífico conocían muy bien la gran aureola de nubes que corona las islas altas y las hace visibles desde inmensas distancias. Resulta comprensible, por lo tanto, que en un mar donde son muy numerosas las islas e islotes madrepóricos bajos, que no retienen la humedad atmosférica, estas islas extensas y surcadas por altas montañas recibieran el nombre común de tierras de niebla, islas de bruma o islas de las nieblas.

Hoy, los viajeros que llegan a Nueva Zelanda deben recibir el mismo impacto desde la lejanía —bien naveguen a bordo de un barco o de un avión— que guió a los cazadores premaoríes de moas. Pero sólo en lo que se refiere a la altura de las montañas, a la profundidad y belleza de los fiordos y a la corona de nubes que rodea los más altos picos existe una cierta semejanza entre lo que vieron hace mil años los primeros hombres que pusieron el pie en Nueva Zelanda y lo que puede fotografiar el turista moderno. Entonces, las islas estaban pobladas por una de las más asombrosas comunidades del planeta, en la que destacaba el grupo de los moas, enormes aves incapacitadas para el vuelo que representaban el mismo papel ecológico que los antílopes y otros ungulados en las comunidades continentales. Estos gigantescos pájaros, que pudieron haber llegado en vuelo muy tempranamente a las grandes islas del Pacífico austral, encontraron unas fabulosas circunstancias para su evolución, puesto que no existía un solo mamífero que pudiera competir con ellas por la conquista del pasto, las hojas, los frutos y otros elementos nutritivos que ofrecía el manto vegetal insular. Por lo tanto, ocuparon sus nichos ecológicos, se diversificaron hasta dar lugar a numerosas especies y crecieron hasta alcanzar los niveles tróficos —más de doscientos cincuenta kilos de los más comunes mamíferos fitófagos. Otros muchos animales, como loros nocturnos y reptiles relictuales, proporcionaban a la comunidad de Nueva Zelanda características verdaderamente asombrosas.

Pero los navegantes polinesios que desembarcaron en el recién descubierto paraíso encontraron también unas condiciones tan excepcionales como las de los propios moas que les precedieron para sobrevivir y reproducirse. Naturalmente, su fuente principal de proteínas fueron las inofensivas y gigantescas aves ápteras, cuyos huevos, polluelos y adultos debieron ser la base de su nutrición durante algunos siglos.

Hoy, gracias al clima benigno, a la extensión de las islas de la Bruma y a los diferentes hábitats que se escalonan desde la orilla del mar hasta las cumbres de las nieves perpetuas, prosperan en Nueva Zelanda gran cantidad de animales de diversos orígenes, introducidos por los colonizadores.

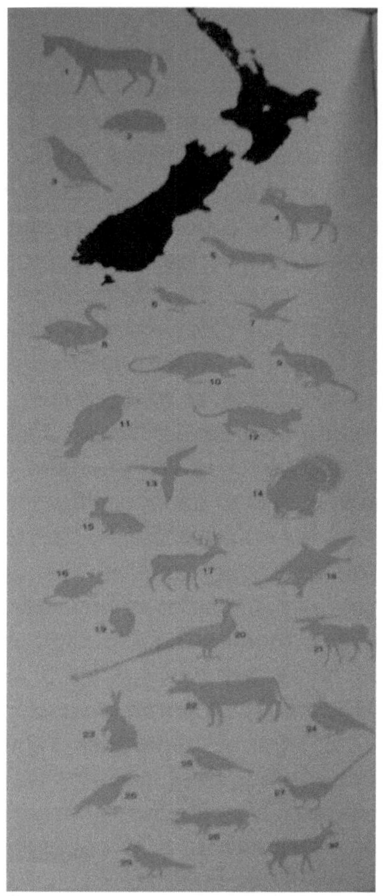

Numerosas especies exóticas fueron introducidas en las islas.

En las montañas de las islas neozelandesas se encuentran numerosos glaciares de tipo alpino. Se observa el extremo de una lengua de glaciar en proceso de licuación, de la que emerge un río emisario.

La superficie de las tierras neozelandesas, algo mayor que la de Gran Bretaña, es de una complicada orografía en la que alternan las zonas montañosas —

que en la isla Sur alcanzan alturas superiores a los tres mil metros— con las depresiones y llanuras. Por ello, abundan tanto las formaciones producidas por el hielo, existiendo numerosos glaciares y fiordos, como son frecuentes los volcanes -apagados en la actualidad- y geiseres, que indican una cierta influencia volcánica en la formación de estas islas.

El clima, de marcada influencia antartica, cálido en el norte y más frío al sur, goza de un régimen de precipitaciones cuya mayor intensidad se alcanza en los meses de invierno —de mayo a octubre- y cuya abundancia, que determina un acusado desarrollo de la vegetación, se debe, en gran parte, a la presencia de elevadas formaciones montañosas que acaparan en torno a ellas las nubes que atraviesan el océano.

La cobertura vegetal de Nueva Zelanda, devastada por las talas, roturaciones y por la indiscriminada utilización del fuego, conserva todavía ciertas zonas de bosque autóctono, verdaderas reliquias de ios tiempos pretéritos. En el sudoeste del país, región en que las lluvias son más fuertes, se sitúa el bosque de hayas antárticas (Nothofagus), que, hacia el centro de las islas, se transforma en bosque de Podocarpus con abundante matorral. Hacia el noroeste, región más cálida, se establece una verdadera selva subtropical de la que desgraciadamente sólo quedan algunos vestigios. En ella, la densidad exuberante de la vegetación muestra enormes masas de árboles de distintas especies, entre las que destacan los gigantescos ejemplares de kauríes (Agathis), cuya altura los asemeja a enhiestos vigías que dominan la comunidad arbórea.

Por encima de los bosques se extienden regiones esteparias y de pradera en las que se desarrollan las plantas herbáceas, ¡finalmente, en altitud, predominan las formas de reducida talla -gramíneas y musgos- de casi exclusivo dominio en la isla Sur, en cuyas montanas los fuertes vientos y las nieves perpetuas impiden el desarrollo de las especies arbóreas.

El análisis de los materiales que integran el suelo de Nueva Zelanda pone de manifiesto un claro dominio cuantitativo de las rocas sedimentarias, hecho éste que sin lugar a dudas indica una ligazón, en tiempos remotos, a una masa continental. De no ser así, ni los reducidos cursos de agua neozelandeses ni los restantes agentes geológicos hubieran acarreado tan abundante acumulación de materiales sedimentarios. Por otra parte, las singulares flora y fauna de las islas, de abundantes endemismos, componen un ecosistema característico y sumamente peculiar en el que se conservan especies primitivísimas —verdaderos fósiles vivientes— y faltan grupos enteros de animales modernos, todo lo cual parece indicar un aislamiento prolongado del resto de la tierra firme y, por consecuencia, certifican que Nueva Zelanda debió

separarse en algún tiempo de la masa continental con la que se encontraba relacionada.
La presencia de las ranas de Nueva Zelanda (*Letopeltna*) y de las primitivas tuáteras (*Sphenodon*) indica que en los tiempos mesozoicos -hace al menos doscientos millones de años— Nueva Zelanda pudo estar comunicada con Australia mediante un puente de tierra, establecido probablemente ya en el Paleozoico. De acuerdo con las teorías de la deriva continental, Nueva Zelanda pudo, también, haber estado en conexión con Australia o el continente antartico. A través de estas relaciones penetrarían probablemente los invertebrados, las ranas Leiopelma y las tuáteras. De todas formas, en el Jurásico debió romperse cualquier tipo de conexión con las tierras firmes y Nueva Zelanda quedó aislada, cerrándose la entrada a las islas a los animales más evolucionados —reptiles, aves y mamíferos— que se hubieran establecido, compitiendo con los animales arcaicos ya presentes y determinando su extinción.
Los mamíferos, a excepción de las formas voladoras y nadadoras —existen dos especies de quirópteros propios de Nueva Zelanda, y en algunas de sus playas pueden observarse focas—, no pudieron salvar la barrera de agua que separaba las islas del resto de la tierra firme. De este modo, estuvieron ausentes del singular ecosistema de las islas de la bruma hasta la colonización humana.
Las aves, como es lógico suponer, efectuarían su entrada volando. Para las buenas voladoras, salvar dos mil kilómetros de distancia no representa una proeza considerable. Sin embargo, lo que a primera vista parece sencillo y lógico se complica al analizar los hechos con mayor profundidad. Una gran parte de la avifauna neozelandesa está constituida por especies cuyo régimen de vida es terrestre, con escasas facultades para la locomoción aérea, mientras otras son absolutamente incapaces de levantar el vuelo, como los kiwis, takahes y los extintos moas. Este hecho hizo pensar a los paleozoólogos que los antepasados de las aves ápteras pudieron haber emigrado a Nueva Zelanda gracias a otro puente de tierra firme que, según esta suposición, debería haberse establecido en un período posterior al Jurásico. Pero, en tal caso, por esta franja de terreno no sólo hubieran penetrado las aves, sino también otros grupos de animales terrestres de los que no se conserva ningún ejemplar, resto ni huella en toda la geografía de las islas, lo que convierte esta suposición en poco probable.
La hipótesis más aceptada supone que solamente aves voladoras pudieron invadir el aislado territorio neozelandés, donde encontraron vacíos los nichos ecológicos que usualmente son dominio de los mamíferos, por lo que se

establecieron en ellos, adquirieron los hábitos terrestres y perdieron posteriormente la facultad de volar, que no resultaba ya adaptativa al no existir predadores que pudieran darles alcance.
La historia de Nueva Zelanda, cuyo último capítulo la aparición del hombre— merece una dedicación especial, muestra, pues, a estas islas como unas de las más antiguas del planeta, cuyo aislamiento ha determinado la formación de una comunidad biológica especialísima.
Esta, al igual que en casi todas las regiones insulares, presenta gran pobreza en especies, tanto animales como vegetales, al tiempo que una extraordinaria riqueza en endemismos.

Los fósiles vivientes

Para el poco versado en zoología, las tuáteras o las ranas de Nueva Zelanda no tienen por qué resultar más llamativas que una rana o lagarto cualquiera, pues la apariencia de estos animales apenas llama la atención. Por el contrario, el hallazgo y observación de uno de estos ejemplares será causa de una intensa emoción para un zoólogo, ya que bajo su aspecto familiar —e incluso nos atrevemos a decir que vulgar— se encuentran dos auténticas reliquias del pasado, dos "fósiles vivientes" cuya existencia en la actualidad reviste el mismo interés que el que tendrían los dinosaurios, por ejemplo, si todavía estuvieran vivos en nuestro planeta.
Las pequeñas rapaces nocturnas neozelandesas ocupan nichos equivalentes a los de los autillos y mochuelos europeos, alimentándose de insectos y pequeños vertebrados que capturan en los terrenos donde habitan.
Las pequeñas ranas leiopelma, verdaderas reliquias faunísticas, son únicos anfibios presentes en Nueva Zelanda antes de la invasión humana. Sus vértebras anficélicas —de cuerpo vertebral bicóncavo- y los vestigios de musculatura caudal las sitúan entre los anfibios más primitivos y desde luego más raros.
Las ranas Leiopelma, con sus tres especies, la rana de Arehey, la de Hochstetter y la de Hamilton (*L. archeyi, L. hochstetteri y L. hamiltoni*), junto a la rana americana Ascaphus truei, otro fósil viviente, constituyen la familia de los Leiopelmátidos, cuyas singulares características son la posesión de vértebras anficélicas —es decir, vértebras cuyo cuerpo vertebral es bicóncavo, al igual que las de los peces y diferentes a las de los demás anfibios—, la presencia de órgano copulador en los machos y de musculatura caudal. Por

tales “reliquias” anatómicas resulta éste un grupo de anfibios bástante primitivo y, desde luego, uno de los más raros.

Las pequeñas ranas de Nueva Zelanda, que apenas si alcanzan los cinco centímetros de longitud, habitan las cercanías de los cursos de agua de alta montaña, en las que establecen sus guaridas, generalmente bajo las piedras, troncos, etc., e incluso utilizando los túneles fabricados en barro por los insectos cavadores.

Contrariamente a las demás ranas, su capacidad para la locomoción acuática deja mucho que desear; son mediocres nadadores y la mayor parte de su vida transcurre en tierra firme. Difieren asimismo del resto de los anuros por su especialísima metamorfosis, llevada a cabo dentro del huevo, de forma que en los cuarenta y un días que van desde el momento de la puesta al de la eclosión, el embrión unicelular se transforma en renacuajo y completa su desarrollo. Al salir del huevo presenta apariencia de adulto, del que sólo difiere por la presencia de una cola muy alargada, cuya función, hasta que se desarrollen completamente los pulmones, está al servicio de la respiración cutánea, gracias a su abundante capilarización superficial. Al transformarse definitivamente en adultos desaparece el apéndice caudal, pero no así su musculatura, que excepcionalmente se conserva durante toda la vida en este género.

De las tres especies de ranas neozelandesas, la más escasa es la de Hamilton, encontrada en 1916 en la pequeña isla de Stephens, de apenas 150 hectáreas de superficie, en el estrecho de Cook que separa la Isla Norte de la Isla Sur. Pero ni siquiera en toda la isla se encontraban las ranas y su único hábitat lo constituía una pequeña pedriza de tan sólo unos 200 metros cuadrados sombreada por un espeso bosque gracias a cuyo microclima se mantenían las rocas húmedas y cubiertas de musgo.

En los años posteriores al descubrimiento el bosque de la isla de Stephens fue talado para crear pastizales, la pedriza perdió su humedad y se creyó que la rana, incapaz de resistir unas condiciones tan secas, se había extinguido. Sin embargo, en 1950 un zoólogo comprobó que, pese a todo, y en las partes más profundas de la pedriza aún se conservaba cierta humedad y que aún sobrevivían algunas ranas.

La noticia del redescubrimiento de la *Leionelma hamiltoni* dio origen a una serie de medidas encaminadas a su protección. El New Zealand Wildlife Service cercó la zona para impedir el pastoreo con vacas y ovejas a la vez que se iniciaba un proceso para la restauración del bosque a su alrededor, programa que se completó en 1966 con la conversión de toda la isla en una reserva.

Durante muchos años se creyó que la población de ranas de la isla de Stephens era la única existente hasta que se produjo el hallazgo de la especie en la isla Maud, también en el estrecho de Cook y a unos 35 km de la primera. También esta segunda población ocupa una reducidísima superficie de apenas 15 hectáreas en una empinada ladera cubierta de bosque y en la actualidad los investigadores realizan estudios sobre el hábitat, la estructura de las poblaciones y las condiciones climáticas en que se desarrolla la especie para tratar de localizar otros posibles en claves, si es que existen todavía, de tan interesante y escaso anfibio.

Pero son las tuáteras (*Sphenodon punctatus*) los animales de todo el mosaico faunístico neozelandés que de una manera más acentuada manifiestan caracteres arcaicos y constituyen la mejor prueba viviente del aislamiento a que han estado sometidas estas tierras. Solamente un género, con una sola especie, es el superviviente del orden zoológico de los Rincocéfalos, reptiles que se extinguieron en el Jurásico. El estudio de una tuátera transporta al científico más de cien millones de años hacia atrás, a la era del esplendor de los reptiles -tiempos del Mesozoico— de los que el inofensivo habitante de los islotes que circundan Nueva Zelanda resulta un directo representante.

De entre todos los caracteres que definen la particular anatomía del Sphenodon, el más asombroso, compartido con muchos vertebrados fósiles, es un tercer ojo impar, el ojo pineal, de configuración más rudimentaria que los otros dos pero con vestigios de retina y cristalino. Este órgano, situado en el hueco que dejan entre sí los huesos parietales y apoyados sobre la glándula pineal o epífisis, aparece también, aunque de forma muy reducida, en numerosas especies de lagartos vivientes. Pero en ninguna de ellas alcanza el desarrollo de las tuáteras.

La función del ojo pineal dista todavía mucho de ser bien conocida. Al parecer, en los lagartos, funcionando como un heliógrafo, regula la exposición al sol, cuestión importantísima para los animales de sangre fría, que puede, incluso, determinar los períodos de letargo.

Muy probablemente, su función sea semejante en el Sphenodon, aunque en éste su mayor desarrollo proporcionaría una mejor "visión" de repercusiones fisiológicas todavía incógnitas. De todos modos, su importancia en la termorregulación parece estar fuera de dudas.

La tuátara (Sphenodon), arcaico reptil cuyos únicos representantes vivientes se encuentran en las tierras neozelandesas, muestra al hombre actual un fragmento de la biocenosis que debió poblar el planeta en los tiempos del Secundario, era del esplendor de los reptiles. Su enorme longevidad, lento metabolismo y marcado desarrollo del ojo impar frontal —ojo pineal—

atestiguan una primitiva forma de vida de la que es, hoy día, único representante.
Al igual que los peces y que sus vecinas, las ranas Leiopelma, las tuáteras poseen vértebras anficélicas, indicadoras del primitivismo, hecho que por otra parte se manifiesta en la ausencia del órgano copulador de todos los reptiles.
La vida del Sphenodon difiere sensiblemente de la de la mayor parte de los reptiles. En primer lugar, su metabolismo es muy lento, sin duda el más lento —el animal es capaz de pasarse hasta una hora sin respirar-* de todos los vertebrados. Su longevidad es enorme —puede vivir hasta un siglo— y apenas necesita de calor, de forma que a temperaturas de catorce grados e incluso once grados centígrados sigue activo, con lo que puede considerársele como el reptil más resistente al frío. A pesar de tan extraordinaria resistencia, los descensos otoñales de temperatura determinan que las tuáteras busquen sus refugios invernales, donde permanecen en estado letárgico hasta la llegada de la primavera. Para ello establecen una sorprendente asocia¬ ción —más de tolerancia por parte del ave que verdadera simbiosis- con las pardelas (Puffinus carneipes), que anidan en el litoral en el interior de abrigadas galerías. El Sphenodon, llegado el momento de invernar, se encamina hacia un nido de estas aves y allí se acomoda, sin que para ello le importen los inquilinos, los cuales, por otra parte, no denotan el más mínimo interés hacia su arcaico huésped, que aparece como el más beneficiado de tan pintoresca asociación, pues se encuentra con un nido ya hecho e incluso con restos de comida.
Muy probablemente, los nidos de pardelas sean los refugios habituales de las tuáteras, sin que su inquilinato se reduzca a la época de invernada. Quizá las relaciones ave-reptil sean más bien de un cierto parasitismo por parte de la tuátera, ya que, según algunos observadores, podría devorar huevos o pollos del nido en que se alberga, a pesar de que su dieta la componen insectos, lombrices y caracoles.
El kiwi, ave sorprendente en todos los aspectos, se aparta en muchos sentidos de todas las otras especies integrantes de esta clase de vertebrados. Cabe destacar que los orificios nasales se abren no en la base del pico, como sucede en las demás aves, sino en su extremo distal.
Este hecho, unido a que los kiwis buscan su alimento bajo tierra con la punta de su pico, hizo sospechar desde muy antiguo que podrían tener sentido del olfato. Modernos experimentos han corroborado esta suposición.

Los moas, gigantes extinguidos

Hace pocos siglos, unas aves gigantescas, los moas de los maoríes, vagaban por los llanos de Nueva Zelanda como lo hacen hoy las cebras y antílopes en las llanuras africanas. Hasta hace relativamente poco tiempo, nadie en el mundo civilizado había oído hablar de este bípedo alado, y fue a raíz del viaje que Darwin efectuó por Nueva Zelanda cuando los primeros científicos europeos comenzaron a interesarse por las enormes aves. Durante su estancia en las islas, Darwin estudió a fondo los motivos por los cuales numerosas especies de aves e insectos habían perdido la facultad de volar y llegó a la conclusión de que la pérdida de las alas era una circunstancia favorable para la supervivencia en el medio insular, donde los fuertes y frecuentes vientos arrastrarían con más facilidad a los animales voladores.
Entre los animales que viven actualmente en la Tierra, únicamente la jirafa y el elefante africano superarían en altura a los moas, que medían aproximadamente tres metros y medio y pesaban alrededor de trescientos kilos en sus especies más corpulentas.
En la actualidad se distinguen tres especies de kiwis. Por una parte está el kiwi pardo o kiwi común, que vive en las tres islas principales de Nueva Zelanda, constituyendo otras tantas subespecies en cada una de ellas.
Por otra, están los kizuis manchados, que actualmente se dividen en dos especies distintas, de las cuales el kiu'i manchado menor ofrece un claro contraste con las demás por su pequeño tamaño.
Los kiwis carecen en absoluto de cola y poseen unas alas rudimentarias en extremo. Sus patas, por el contrario, son sumamente robustas. Estas aves, estrictamente terrestres y nocturnas, viven en los bosques de Nueva Zelanda con denso matorral, entre el que se mueven con asombrosa facilidad, pasando las horas de luz agazapadas entre las raíces de un árbol en la penumbra del sotobos que.
Sir Richard Owen, el primer científico que tuvo en sus manos un hueso de moa, pensó al principio que se trataba del fémur de un buey o de un caballo, pero al examinarlo con detalle comprobó que pertenecía a un ave corredora. Posteriormente, en 1843, Owen, mediante el estudio de abundante material, llegó a la conclusión de que existían varias especies de moas, sin que ninguna de ellas poseyera huesos semejantes a los que tiene un ave viviente en el ala. En la actualidad, los ornitólogos distinguen entre veinte y treinta y siete representantes del extinto grupo de los moas.
Se cree que el moa era un animal pacífico, fundamentalmente herbívoro, que debía llevar un modo de vida semejante al de algunos ungulados, como las jirafas, las cebras o los búfalos. Aparte de la hierba, debían alimentarse

también de hojas, frutos y probablemente insectos, moluscos, crustáceos y peces. Basándose en su tamaño y corpulencia, se ha calculado que debía consumir diariamente tanta cantidad de alimento como un buey.
A raíz de los estudios realizados por Owen y otros muchos especialistas, se especuló y discutió largamente sobre las causas de desaparición de estas aves. A principios de siglo, Nueva Zelanda fue visitada con frecuencia por científicos de todo el mundo que interrogaban exhaustivamente a los indígenas, quienes relataban las cacerías de moas, los festines que se daban con su carne, matizando sus insólitas descripciones con míticos detalles sobre las costumbres de estas aves.
Aunque por los relatos de los maoríes se dejaba entrever que la mayor parte de tales historias eran falsas y que parecía seguro que nunca habían visto moas, resultaba sumamente extraño, sin embargo, el hecho de que estuvieran bastante familiarizados con las aves gigantes, pues utilizaban sus plumas para adornarse, así como los huesos, con los que fabricaban herramientas, anzuelos para pescar y otros utensilios.
El hecho de que ninguna investigación efectuada haya probado que los maoríes se encontraron en alguna ocasión con un moa vivo indujo a pensar que la desaparición de estas aves era anterior a la llegada de los maoríes a Nueva Zelanda. Como se sabe, estos navegantes arribaron a las islas procedentes de la Polinesia hacia el año 1350, es decir, tres siglos antes de que el primer hombre blanco pisase estas islas.
Gracias a descubrimientos arqueológicos efectuados recientemente, se ha podido comprobar la existencia de otros pobladores de Nueva Zelanda, anteriores a los maoríes, y mediante el estudio de sus campamentos y enterramientos se ha constatado que estos primeros invasores, procedentes también de la Polinesia, realmente cazaban y comían moas y tenían la costumbre de enterrar a sus muertos poniendo a los lados huesos y trozos de huevos procedentes de sus gigantescas piezas. Cuando los maoríes llegaron a las islas no las encontraron deshabitadas, y tuvieron que luchar y vencer a estos primeros pobladores, que fueron probablemente los exterminadores de los moas. Aquí podría encontrarse la razón de que más tarde conservaran las plumas, huesos y utensilios que habían conquistado como trofeos de guerra.
A pesar de lo expuesto, existen datos demostrativos de que al menos las especies de moa de menor tamaño, que vivían en la parte sur de las islas, fueron exterminadas por los maoríes, hacia el siglo XVII.
Actualmente se siguen descubriendo en Nueva Zelanda huesos de estos grandes bípedos, sobre todo en las excavaciones que realizan los paleontólogos. Los fósiles más antiguos se encontraban incluidos en un

estrato datado en unos dos millones de años. Al efectuar el drenaje de un pantano fueron encontrados también los esqueletos de varios moas que seguramente habían perecido ahogados. Mediante la técnica del radio carbono fue datado el contenido estomacal de uno de los ejemplares, con el resultado de que el moa había engullido su alimento aproximadamente hacia 1290, es decir, poco tiempo antes de que los maoríes llegasen a estas islas. El kiwi tiene un pico de 11 a 20 cm, con las narinas que se abren en la punta de la mandíbula superior. Plumaje lacio y suelto de color pardo grisáceo uniforme que recuerda el pelo de un mamífero. Alas rudimentarias cubiertas de plumas no diferenciadas. Carece de cola. Tarsos muy robustos rematados en tres dedos muy fuertes. Hay otras dos especies de kiwi que tienen el plumaje moteado y están restringidas a la isla Sur de Nueva Zelanda; son el kiwi manchado grande (*A. haasti*) y el kiwi manchado menor (*A. owenii*).

Los kiwis

El descubrimiento en Nueva Zelanda de unas aves terrestres del tamaño de una gallina grande —con un peso de uno a cuatro kilos y medio—, desprovistas de alas y emparentadas, aunque quizá lejanamente, con los avestruces, ñandúes, casuarios y emúes, ha obligado a pensar a los científicos que las ratites -aves incapaces de volar- constituyen un grupo polimorfo y polifilético que carece probablemente de antecesores comunes y se ha originado simultáneamente en regiones muy diferentes.

Los kiwis —cuyo nombre maorí está relacionado, sin duda, con el grito de la hembra— se encuentran distribuidos en la isla Norte, donde habita el kiwi común o pardo (*Apteryx australis*) con varias subespecies, en la isla Sur y en la isla de Stewart. En la zona occidental y meridional de la isla Sur viven otras dos especies, el kiwi manchado grande o gran kiwi gris (Apteryx haasti) y el kiwi manchado menor o pequeño kiwi gris (*Apteryx oweníi*), de los cuales se han descrito algunas subespecies.

Los kiwis ofrecen un aspecto sumamente peculiar; su cuerpo fusiforme, carente por completo de cola, está cubierto de plumas lacias que crecen sin ninguna diferenciación en los muñones de las alas, realmente vestigiales. Como en toda ave corredora y terrestre, sus pies, de tres dedos, son muy robustos. La cabeza del kiwi está rematada por un pico largo y flexible, con la mandíbula inferior más corta que la superior. En la punta de esta última se abren las narinas, notable excepción anatómica en la clase de las aves, pues en todos los demás representantes vivientes de este grupo zoológico los orificios nasales están en la base de la mandíbula superior. El ojo de los kiwis es muy pequeño y el orificio auditivo sumamente amplio.

Puesto que los kiwis son nocturnos y la morfología del ojo excluye una acusada sensibilidad óptica en la oscuridad, se ha pensado, ya desde muy antiguo, que estas aves se orientan en la noche mediante el oído y el olfato. Modernamente, los interesantes experimentos llevados a cabo en la universidad de California por el Dr. B. M. Wenzel han puesto de manifiesto que el kiwi tiene este último sentido extraordinariamente desarrollado, constituyendo una excepción digna del mayor interés. Wenzel, que trabajó en Nueva Zelanda, enterró en el suelo del aviario en que mantenía sus kiwis diferentes sustancias alimenticias y odoríferas en otros tantos túbulos de aluminio. Cambiando los contenidos de los tubos y experimentando con diferentes aves pudo probar, sin lugar a dudas, que los kiwis olían sin dificultad a casi un palmo de profundidad bajo tierra.
Los kiwis viven recluidos en los bosques de heléchos arbóreos y pino kauri de suelo húmedo. Excelentes corredores de hábitos noc¬ turnos, resultan sumamente difíciles de observar en libertad, por lo que su comportamiento en el campo es muy poco conocido. Contrariamente, desde el punto de vista anatómico, morfológico y taxonómico han sido objeto de numerosos y profundos estudios.
La dieta del kiwi pasa por dos ciclos bien definidos. Durante la época de lluvias, y cuando el suelo está húmedo, consume fundamentalmente pequeños invertebrados, sobre todo lombrices de tierra que localiza por el olfato y extrae con la punta del pico, además de los pequeños insectos de los troncos podridos, de forma que recuerda el quehacer de los pájaros carpinteros. Probablemente en esta función se sirve también del oído, como hacen muchos escolopácidos, especial¬ mente la chocha perdiz o arcea, que capta y localiza las vibraciones de las lombrices enterradas mediante su fino oído. Durante el verano, cuando el suelo está seco, los kiwis se vuelven fitófagos y consumen fundamentalmente hojas y frutos caídos.
La vida de los kiwis en libertad es prácticamente desconocida; apenas sabemos nada de sus hábitos sociales, de su territorialidad, muda y longevidad. Sin embargo, se ha comprobado ya que, una vez formada la pareja, es el macho, como en otras ratites, el encargado de la incubación. El nido, que generalmente se encuentra entre las raíces de un árbol, es una simple excavación en el suelo, donde la hembra pone uno o dos huevos, según las poblaciones; por ejemplo, el kiwi pardo de la subespecie mantel, en la isla Norte, pone dos. El huevo, de color blanco, resulta de un extraordinario tamaño comparado con el cuerpo del ave. En el kiwi pardo pesa cerca de medio kilo; en números redondos, un cuarto del peso de la hembra; los kiwis son pues las aves que ponen proporcionalmente los mayores huevos de todo el mundo. Después de unos setenta y cinco a setenta y siete días de incubación, según

se pudo ver en ejemplares cautivos, nace el pollo, que permanece en el nido sin tomar alimento durante los seis primeros días de su vida; después comienza a alimentarse por sí solo, acompañado por el padre, que suele auxiliarlo limpiándole el suelo.
Los kiwis nidifican en el suelo, entre las raíces de los árboles, en la penumbra del bosque de Nueva Zelanda. El único huevo que pone la hembra es de un tamaño descomunal en relación al ave. Se dice que al menos en el kiwi pardo cada huevo viene a tener, aproximadamente, un cuarto del peso del ave adulta.
Antes de la llegada de los europeos, los kiwis eran realmente abundantes en Nueva Zelanda. Los maoríes los consideraban como una delicadeza culinaria y sus plumas eran utilizadas en los adornos de los jefes militares. Los blancos, que roturaron enormes extensiones de bosque para dedicarlo a la agricultura, e introdujeron perros, gatos y armiños, redujeron considerablemente su número, al mismo tiempo que popularizaron la imagen del kiwi como símbolo de Nueva Zelanda. A pesar de la alteración de sus biotopos y de la introducción de predadores exóticos, los kiwis no están hoy en peligro de extinción, aunque su número ha menguado considerablemente.

Los rascones que han perdido la facultad de volar

Entre todas las aves que habitan en las islas oceánicas hay un grupo, el de los rálidos, que, al parecer, ha sido el más afectado por la selección natural en busca de una mejor adaptación al medio en el cual se desarrolla su vida.
No resulta sorprendente que miembros de este grupo de aves hayan perdido la facultad de volar, porque los rascones y otros rálidos prefieren ponerse a salvo corriendo y ocultándose entre la vegetación, para levantar el vuelo sólo en última instancia o cuando emprenden sus desplazamientos migratorios. Presumiblemente, rálidos del sudeste asiático irían siendo desviados de sus rutas por los vendavales, desplazándose hasta las islas donde encontraran nichos ecológicos disponibles y carencia de predadores. Su natural tendencia a la vida terrestre, la disponibilidad de alimento y la falta de enemigos serían responsables de la pérdida de capacidad para el vuelo y del aumento de talla de estas aves, que recuerdan a enormes y rechonchos calamones, armados de un pico robustísimo.
El takahe es un gigantesco rascón de pico robusto e incapacitado para el vuelo que, de hecho, recuerda a un calamón de considerable tamaño. Acantonado en las marismas de Nueva Zelanda, aunque ya se tenían noticias de la

existencia de estas aves por el hallazgo de restos fósiles y subfósiles desde antiguo, hasta mediados del siglo pasado no se encontró el primer espécimen viviente. Después se creyó que esta especie había sido extinguida, hasta su redescubrimiento en 1948. En la actualidad, el takahe está férreamente Protegido por el gobierno de Nueva Zelanda y se cree que un santuario, especialmente creado para su salvaguardia, en el valle de Takahe, alberga ya unos doscientos o trescientos ejemplares.

Los paleontólogos han encontrado en yacimientos fósiles de Nueva Zelanda varias formas de Rallidae extinguidas, cuyos esqueletos no les dan apariencia de ser aves voladoras. Actualmente sólo viven en. Nueva Zelanda tres especies pertenecientes a esta familia, y una de ellas, Notornis mantelli, conocida como takahe, se encuentra en grave peligro de extinción. Esta ave habita las zonas montañosas situadas al sur de las islas y vive frecuentando terrenos herbáceos y de matorral bajo. Está provista de un poderoso pico, y come toda clase de plantas, prefiriendo en especial sus semillas. Por la gran cantidad de alimento vegetal que consume, se piensa que este rálido sustituyó ecológicamente a los mamíferos herbívoros, que faltaban por completo en las islas.

Los otros dos componentes de la familia Rallidae que viven actualmente en Nueva Zelanda son Gallirallus austratís y G. hectori, conocidos con el nombre de wekas. Éstas son probablemente las aves que han perdido de modo más acusado la facultad de vuelo, pasando todo el día en busca de alimento por el interior de los matorrales espesos, hurgando por todas partes en busca de conejos pequeños, ratones, lagartos, nidos de otros pájaros e insectos, que constituyen la parte fundamental de su alimentación. Muchas veces se les encuentra también frecuentando las orillas de los ríos, donde atrapan peces, caracoles, mejillones y pequeños cangrejos.

Las marismas y marjales de Nueva Zelanda albergan algunos de los rálidos más interesantes, entre ellos el calamón neozelandés (arriba) y el weka (abajo), curioso rascón incapacitado para el vuelo.

En la isla de Nueva Caledonia, al este de Australia, vive otra extraña ave terrestre de color gris blanquecino y del tamaño de una gallina grande, que, como los rascones de Nueva Zelanda, apenas conserva su capacidad de vuelo. Es el kagú (*Rhynochetos jubatus*), antes ampliamente extendido por toda la isla y en la actualidad franca¬ mente escaso y al borde del exterminio. El kagú constituye por sí solo una familia dentro de Ralloidea, y parece emparentado con el pájaro sol sudamericano. De patas largas y pico de rascón, su cabeza y nuca se adornan con un característico moño muy largo. Su plumaje es lacio.

No existe el menor dimorfismo sexual y ambos sexos se reparten las tareas de incubación y construcción del nido, que aparece en el suelo y está constituido por ramillas. La hembra pone un solo huevo rojizo, del cual nace un pollo nidífugo cubierto de apretado plumón negro.

El kakapo, fascinante loro nocturno

Durante mucho tiempo, los ornitólogos han especulado con dis¬ tintas opiniones para explicarse el origen de los kakapos. Para unos eran indudables representantes de los psitácidos, mientras para otros constituían un eslabón entre las rapaces nocturnas y los papagayos.
Es sabido que estos últimos son aves característicamente diurnas, vistosas, arbóreas y voladoras ruidosas. Por el contrario, los kakapos, conocidos con el nombre de papagayos nocturnos, son aves terrestres, de plumaje poco llamativo, incapaces de un verdadero vuelo, silenciosas y completamente nocturnas.
Aunque sus alas están suficientemente desarrolladas, los músculos que las mueven son muy débiles y resultan inútiles para el vueloactivo. No obstante, a veces se deslizan planeando a favor de las pendientes, para trasladarse de uno a otro valle; en muy raras ocasiones mediante un vigoroso aleteo son capaces de elevarse un poco hasta conseguir rebasar un pequeño obstáculo o posarse en el lugar deseado.
El colorido de su plumaje es de un tono general verde, irregularmente barreado de negro y marrón, lo cual le convierte en un ave muy mimética que se camufla perfectamente en la vegetación de su habitat natural. El hecho de que los kakapos, contrariamente a los vistosos papagayos, tengan un plumaje apropiado para mimetizarse debe estar al servicio de un perfecto ocultamiento durante las horas de luz, con objeto de no ser descubiertos por las aves rapaces diurnas, ante las que no tendrían posibilidad de huida. Se pone así de manifiesto una clara convergencia adaptativa con los campeones del mimetismo entre las aves que son las rapaces nocturnas.
El plumaje de la cabeza de los kakapos también ha sufrido modificaciones si lo comparamos con los demás representantes de su familia, presentando discos faciales a ambos lados de la cara y alargamiento en las plumas situadas en la base del pico, lo cual los asemeja en cierto modo a ciertos búhos y mochuelos.

KAKAPO (*Strigops habroptilus*)
Clase: Aves.
Orden: Psitaciformes. Familia:
Psitácidos.
Longitud total: 45 cm.

Alimentación: fundamentalmente hierbas y hojas, que "masco" con su pica para sacarles el jugo, desechando luego las fibras.
Puesta: 3-4 huevos.
El kakapo es un curioso loro exclusivo de Nueva Zelanda que por sí solo constituye una subfamilia. Al contrario de lo que sucede con sus parientes brillantemente coloreados, parlanchines, buenos voladores y amantes del sol, el kakapo es un ave nocturna, silenciosa y de colores pardos verdosos que apenas puede volar.
Loro grande de color verdoso y hábitos nocturnos y terrestres. Incapacitado para el vuelo. Corre con facilidad por el suelo del bosque y trepa por los troncos y ramas bajos. Cuando está muy apurado puede dar cortos planeos aprovechando las pendientes. En la cara presenta discos faciales como los estrigiformes. Pico blancuzco. Cola bastante larga y extremidades posteriores

proporcionalmente cortas y robustas. Partes inferiores de color pálido; en general todo el plumaje barreado de negro y gris.
Durante el siglo pasado, los loros nocturnos eran las aves terrestres que más abundaban en Nueva Zelanda, pero a partir de tos comienzos de la presente centuria esta especie ha comenzado a disminuir de un modo verdaderamente alarmante, siendo en la actualidad una de las aves más escasas de estas islas. Se cree que dos factores son los responsables de su casi total desaparición o que, al menos, han contribuido de forma radical a la disminución de los kakapos. Uno de ellos es la presencia de los armiños, aclimatados a estas islas, y otro las transformaciones de biotopo que han ocasionado los ciervos, también introducidos en sus terrenos naturales.
Las costumbres nocturnas del kakapo le hacen muy vulnerable por el hecho de estar activo a las mismas horas en que los armiños buscan su alimento. No obstante, para moverse de un sitio a otro, los papagayos nocturnos construyen bajo la espesura caminos intrincados por donde marchanprotegidos de sus enemigos, pero aun así estos pequeños túneles vegetales son destruidos por los ciervos al pisarlos en sus desplazamientos. Todas estas intrusiones han provocado de hecho la desaparición de los kakapos en muchísimas zonas de las islas, pudiéndose decir que los papagayos nocturnos ocupan —y cada vez en menor densidad- sólo aquellas regiones que los ciervos han colonizado muy recientemente.
Desde 1958, el servicio de conservación de la naturaleza de Nueva Zelanda ha organizado cincuenta y cinco expediciones a las zonas montañosas situadas al sur de la isla con el fin de estudiar estas aves. Solamente se ha conseguido observarlas en ocho localidades, lo cual certifica su extraordinaria rareza y explica la razón de que sea un ave muy poco conocida.
En el Libro Rojo sobre los seres vivos que están a punto de desaparecer encontramos una interesante documentación que nos muestra los continuos desvelos que el servicio neozelandés para la conservación de la vida silvestre ha llevado a cabo a fin de poder conocer la situación actual de esta ave extraordinaria. Los resultados son alarmantes; en 1960 se calculaba que la población estaba por debajo de 'os doscientos individuos, mientras que para 1971 este número hubo de descender a la mitad. Los censos a que nos referimos, hechos en la "Tierra de los Fiordos", nos demuestran bien a las claras el declive del kakapo, cuya situación es por demás comprometida, dado que todos los intentos de reintroducción hechos hasta la fecha han fallado y que asimismo todos los experimentos de cría en cautividad han sido un fracaso.

Los kakapos adultos son vegetarianos, aunque ocasionalmente comen pequeñas lagartijas. Al igual que otros muchos miembros de su familia desperdician mucha comida, delatando su presencia por la gran cantidad de restos vegetales que dejan a su paso. Durante el día duermen muy ocultosen agujeros naturales situados en la base del tronco de los árboles o bien en huecos de las rocas.
No crían sistemáticamente todos los años, sino que lo hacen generalmente en años alternativos, dependiendo la cría exclusivamente del celo de los machos. Construyen el nido en lugares similares a los que emplean como dormidero y ponen de dos a cuatro huevos de color blanco. Las tareas de incubación son efectuadas por la hembra, que es asimismo la encargada de cuidar los pollos durante el crecimiento.

Periquitos neozelandeses

El periquito neozelandés frontiamarillo, como las otras tres especies del mismo género que viven en Nueva Zelanda, busca su alimento con mucha frecuencia en el suelo, donde se desplaza sin dificultad merced a sus largos tarsos. Las cuatro especies comparten una distribución común y parece ser que ciertas diferencias en el tamaño del pico son las que evitan una competencia trófica insoportable.
Estos cuatro periquitos anidan habitualmente en agujeros de los árboles, pero cuando éstos escasean en las pequeñas islas costeras, no tienen el menor inconveniente en instalarse en las repisas o grietas de las rocas o pequeños acantilados.

Si indagamos sobre el origen de los cuatro periquitos que habitan actualmente en Nueva Zelanda, pertenecientes al género *Cyanoramphus*, nos daremos cuenta inmediatamente de que derivan de un antepasado común, que a su vez desciende del rosella que vive en Australia. Como éste, todos ellos tienen un colorido general verdoso en las partes superiores, amarillentas en las inferiores y azuladas en las coberteras alares, pero se diferencian de él por la longitud de la cola, que no es tan acusada como la deaquél, y en el tamaño de las patas, bastante más grandes.

El periquito frontirrojo, cuyo nombre científico es C. novaezelandiae, es el de distribución más amplia de los tres, pues no sólo vive en Nueva Zelanda sino que habita también en las otras islas oceánicas circundantes. Como su nombre indica, tiene la parte superior de la cabeza de color rojo brillante, lo que le hace ser fácilmente distinguible de los otros miembros de su género. El periquito frontiamarillo, *C. auriceps*, tiene una distribución geográfica más reducida que el anterior. Aparte del colorido de la parte superior de la cabeza, se diferencia por el tamaño, más reducido que su congénere frontirrojo.

En Nueva Zelanda, ambos periquitos viven en los mismos bosques y, si bien antiguamente su área de distribución era mucho más amplia, hoy en día, debido a la extensiva tala de árboles, van desapareciendo de muchos lugares donde el bosque ya no les ofrece las condiciones naturales que necesitan para vivir. Se alimentan de gran variedad de plantas, comiendo sobre todo semillas, brotes, frutos, hojas y a veces productos de las cosechas cultivadas por el hombre. Muchas veces también descienden al suelo para comer, escarbando con sus largas patas entre la capa de hojas caídas, hasta encontrar gusanos y pequeños invertebrados. Se cree que la posibilidad de que estas especies puedan alimentarse en el suelo ha sido lo que probablemente las ha capacitado para sobrevivir en estas islas.

En Nueva Zelanda viven multitud de llamativos periquitos como el periquito frontirrojo de hermoso iris carmesí y plumaje verde. Junto con otras tres especies del mismo género, este periquito constituye un grupo muy característico de aves neozelandesas.

Durante el período de evolución de estas dos especies se definieron otras dos mucho más especializadas. Una de ellas es el periquito frontianaranjado (*C. malherbi*), que quedó recluido en las zonas montañosas, y la otra el periquito de las Antípodas (*C . unicolor*), que vive únicamente en una isla muy pequeña al sudeste de Nueva Zelanda.

Este último presenta todas las características típicas de un ave insular, tales como mayor tamaño, inconspicuidad del plumaje, lo que le diferencia inmediatamente de las otras especies, así como un comportamiento más o menos terrestre que se traduce en saltos y paseos contínuos por el suelo mostrando pocas ganas de volar. En su habitat, la vegetación, bastante pobre, está formada fundamentalmente por hierba, heléchos y algunos arbustos bajos de los que come hojas, frutos y semillas. En esta isla anidan grandes colonias de pingüinos durante casi ocho meses al año, y parece ser que los periquitos de las Antípodas dependen en gran manera de ellos, pues completan su dieta alimenticia con los restos de huevos y la carne que dejan los estercorarios tras sus frecuentes ataques a estas colonias de pájaros bobos.

Los keas, loros carroñeros

Las adaptaciones tróficas del kea y del kaka (*Néstor noiabilis y N. meridionalis*) son, sin duda, las más insospechadas y sorprendentes de todos los psitácidos. Desde hace muchísimo tiempo, ambas especies, endémicas de Nueva Zelanda, viven recluidas en estas islas, debido a lo cual en la actualidad es muy difícil determinar los caracteres que las asemejan a los otros psitácidos. Su comportamiento es en gran manera muy similar al de las cacatúas de Australia, e incluso se ha podido comprobar que en muchos momentos demuestran no tener temor al hombre, familiarizándose enseguida con él. En el transcurso del tiempo, las alas de los keas se han ido redondeando hasta adquirir la silueta típica de un ratonero. Además, los keas presentan una serie de caracteres típicos. Uno de ellos es la longitud desmesurada de la parte superior de su pico, que está muy curvada, y el otro el color anaranjado muy brillante de la parte inferior de las alas. El nombre onomatopéyico de kea, de origen maori, se debe al estridente keaa que emiten estas corpulentas aves mientras vuelan.

Viven con preferencia en zonas montañosas, sobre todo en las cadenas situadas al sur de Nueva Zelanda, ocupando las selvas vírgenes, que son sus lugares preferidos pues en ellas encuentran gran cantidad de alimento. No obstante, a veces se les encuentra en terrenos más altos, donde el bosque

comienza a ceder terreno a las zonas rocosas de vegetación más rastrera. El kea, excelente volador, se desplaza con facilidad en los valles montañosos donde vive actualmente. A diferencia de otros loros, nidifica en las grietas de las piedras o entre los peñascos, en los acantilados y cortados del abrupto paisaje en que vive.
El kea es una de las criaturas más sorprendentes de Nueva Zelanda. Este gran loro, de plumaje discreto y descomunal pico, ha protagonizado uno de los ejemplos más curiosos de adaptación dentro de los psitácidos, puesto que ha incluido en su dieta la carroña, e incluso se ha dicho que mata corderos con su robusto pico para devorar la grasa que cubre los riñones. Estos hábitos, que no han podido ser todavía comprobados, le han valido una injustificada mala fama y le han hecho víctima de indiscriminadas campañas de exterminio.
En invierno, cuando empiezan a caer las intensas nevadas, los keas efectúan desplazamientos más o menos grandes hacia terrenos más bajos, especialmente los individuos jóvenes, que en estas excursiones forzadas pueden llegar, incluso, hasta la costa. Por el contrario, los adultos se muestran extremadamente sedentarios y no abandonan su territorio, salvo en los casos excepcionales en que han de ir a buscar el alimento fuera de su feudo.
De todas las aves nativas de Nueva Zelanda, estos loros son probablemente, en la actualidad, los más perseguidos por el hombre, debido a la mala fama que han adquirido como cazadores de ovejas. Aunque en realidad no se tienen pruebas fidedignas de que las maten, muchas veces se les ha visto sobre ovejas muertas comiendo la grasa que se encuentra próxima al riñón. Debido a esto, y para ver el efecto que estas aves podrían ejercer sobre las ovejas —que constituyen sin duda una de las principales fuentes de recursos económicos en estas islas—, los sucesivos gobiernos se han preocupado de la investigación sobre la biología de los keas.
Para tal estudio contrataron al ornitólogo J. R. Jackson, quien examinó alrededor de dos mil pieles de oveja procedentes todas ellas de localidades montañosas y no pudo constatar que alguna de ellas hubiese sido muerta por los keas.
De cualquier forma, el papel de los keas como matadores de ovejas forma parte ya del folklore de Nueva Zelanda, y en la actualidad es completamente imposible distinguir la verdad de la exageración o de la pura fantasía. Muchas ovejas mueren anualmente por causas naturales, otras se despeñan por los precipicios y muchas veces los granjeros descubren a estos papagayos comiendo sobre sus cadáveres. Debido a la extraordinaria confusión que aún existe, hay granjeros que envenenan las ovejas muertas para eliminar a los keas. Otros capturan pollos de los nidos y los mantienen en cautividad para

utilizarlos como señuelos y atraer a sus congéneres, dándoles muerte a tiros. Otros piensan que no todos los loros matan las ovejas, sino que se trata únicamente de ciertos individuos especializados y es a éstos a los que hay que exterminar. Contrastando con la manera de pensar de los granjeros, en algunas regiones los keas son protegidos por las autoridades locales, que pagan los destrozos que se atribuyen a los loros.

Los keas son aves omnívoras. Aparte de carroña, comen brotes tiernos de las plantas, frutos y también néctar de las flores, que succionan con ayuda de la lengua, armada de unas pilosidades cerdosas adecuadas para ello. Sin embargo, no contribuyen a la polinización, ya que necesitan romper las flores para aprovechar sus azúcares. Parece que su adaptación a este tipo de nutrición representa un estadio primitivo en la polinifagia. Muchas veces se les ve en el suelo comiendo semillas de ciertas plantas.

La época de cría tiene lugar durante las estaciones de primavera y verano. Los keas hacen el nido en una grieta de la roca, donde ponen de dos a cuatro huevos de color blancuzco. La hembra es la única que toma parte en las tareas de incubación y el macho se encarga de alimentarla durante todo el período de cría. Los pollos vuelan ya a la edad comprendida entre trece y quince semanas.

Aparte del hombre, que les da muerte mediante las escopetas y el veneno, y de los fríos invernales, que hacen grandes estragos entre los individuos jóvenes, cabe destacar la acusada acción predadora que sobre sus nidos ejercen los armiños y las ratas. Como consecuencia de ello, la longevidad de los keas en estado salvaje es generalmente corta. Tan sólo en los parques nacionales, donde no sufren persecución, pueden encontrarse individuos verdaderamente viejos. Como ejemplo de gran longevidad citamos el caso de un ejemplar que fue anillado en 1956 y todavía vivía en 1968.

Los kakapus, parientes próximos de los keas, tienen una distribución mucho más amplia, ocupando los bosques existentes a lo largo de las dos islas. El colorido de su plumaje es mucho más vistoso, y la parte superior del pico no alcanza la extraordinaria longitud que en el kea. Anidan, por lo general, en agujeros que hacen en los troncos de los árboles rompiendo la madera con su potente pico.

Aunque en algunos sitios los granjeros los confunden con los keas y los persiguen, generalmente son respetados y protegidos por todos. Son aves muy tímidas y fáciles de domesticar. En determinadas épocas de escasez fueron muy importantes para la vida de los maoríes, que se alimentaban con su carne y utilizaban sus plumas para abrigarse y comerciar con ellas.

La devastadora colonización humana

Por su situación geográfica muy meridional y por su lejanía de las tierras más próximas, Nueva Zelanda es una de las regiones del globo terráqueo que más tardíamente ha sentido el influjo humano. A pesar de este retraso, la nefasta influencia de la colonización del hombre ha adquirido proporciones tan intensas que, hoy día, estas islas pueden citarse como ejemplo de devastación colonizadora y de desastre del equilibrio ecológico.

KEA (Néstor notabilis)
Clase: Aves.
Orden: Psitaciformes.
Familia: Psitácidos.
Longitud total: 44-48 cm.
Alimentación: primariamente fitófaga (frutos, flores, néctar r hojas, etc); con la introducción del ganado ovino se ha adaptado, al menos algunos individuos, a comer carroña
* Puesta: 2-4 huevos.
Incubación: 22-29 días *

Loros grandes del tamaño de un gran cuervo con el pico extraordinariamente largo y robusto. La mandíbula superior puede sobrepasar los cinco centímetros. Partes superiores de color verde oliváceo con las inferiores más amarillentas lavadas de rojizo * Infracoberteras alares de color rojizo anaranjado. Pies pardos amarillentos. Muy próximo del kea es el kaka (*Néstor meridíonalis*), que no ha desarrollado hábitos carnívoros *
Hasta el año mil, fecha aproximada de la llegada de los más antiguos pobladores -polinesios que recorrían el Pacífico en busca de nuevos terrenos habitables-, las islas neozelandesas permanecieron completamente vírgenes. Constituían un verdadero santuario de la naturaleza, en cuyo seno se albergaba un ecosistema único, completamente diferente al resto de los que existían en la superficie del planeta.
La llegada de los primeros emigrantes causó la primera -y, desde luego, la menos intensa- presión humana sobre tan particular medio ambiente. Sus necesidades de vestido y alimento pudieron satisfacerse espléndidamente en los gigantescos moas: la enorme masa de carne y plumas de estas aves fue, sin duda, el factor determinante de que la presión predadora humana se dirigiera fundamentalmente a ellos; las energías empleadas en su caza son tan pocas en relación con las que después se obtienen del cuerpo de la

descomunal ave que el hombre se dedicó a su captura casi en total exclusividad. Los "cazadores de moas , nombre que en la actualidad se da a estos primitivos habitantes, dieron muerte a tantos ejemplares que a la llegada de los maories, los siguientes colonizadores, apenas si quedaba una escasa representación de moas.
Fueron estos maoríes, otros polinesios cuyas flotillas de canoas tomaron tierra en las islas en el siglo XIV, los que terminaron con las poquísimas aves arcaicas que habían escapado a las artes cinegéticas de sus primeros cazadores.
A partir de la invasión maorí, la población de los cazadores de moas", bien por las luchas sostenidas contra los invasores, bien por haber sido asimilados por ellos, desapareció. Acaso la extinción de los moas, animal sobre el que prácticamente debía estar basada la primitiva economía neozelandesa, ayudó también, e incluso pudo obligar, a un cambio de costumbres de tal intensidad que abocaría en una homogeneización de la población humana en las islas de la bruma.
La invasión maorí introdujo dos animales, el perro doméstico y la rata (*Rattus exulans*), cuya presencia en la isla parece que no fue causa de una especial alteración en el equilibrio ecológico.
A partir de 1769, fecha de la llegada de las naves del capitán Cook, redescubridor de las islas, comienza una azarosa historia en que la importación de especies nuevas aboca en una verdadera tragedia ecológica de desmesuradas proporciones. Siguiendo la costumbre marinera de proveer las islas que se descubren de plantas y animales que proporcionen alimento fresco a los navios que lleguen a ellas y como socorro a los posibles naufragios, el capitán Cook siembra la col, la remolacha y la patata y deja ejemplares vivos de cabra, cerdos y cameros. Esta primera introducción no es sino el comienzo de la gigantesca explosión de animales y plantas que, transportados por los colonos, invaden Nueva Zelanda, con un total de ciento sesenta y ocho especies de aves y mamíferos de las que tan sólo sesenta y cinco consiguen aclimatarse.
Entre los afortunados se cuentan el ciervo europeo, el axis, el sambar, el sika, el gamo, la liebre, el conejo, el eland, el camello, el caballo, la vaca, varias especies de canguro, etc. Frente a este elevado número de fitófagos, sólo se introducen escasos y pequeños depredadores: el armiño, la comadreja y el hurón, aparte del perro y el gato domésticos, que en modo alguno son capaces de controlar la desmedida expansión de los vegetarianos. Lo mismo ocurre con las aves, de las que son introducidas verdaderas legiones de faisanes, ánades reales, zorzales, mirlos, gorriones, jilgueros, pardillos, alondras,

palomas, perdices, cisnes negros, barnaclas del Canadá, etc., con la sola presencia de las grajas como mediocres depredadores.
Algo parecido, aunque no tan acentuado, acaece con las plantas, de las que se intenta aclimatar seiscientas ocho especies, de las cuales, por fortuna, únicamente cuarenta y ocho han entrado en competencia con las autóctonas. Las consecuencias de tan funestas importaciones están bien a la vista. Los animales extranjeros encuentran un medio ambiente favorable, en absoluto hostil, en el que aparecen desocupados varios nichos ecológicos y en el que, salvo algunas especies de aves carnívoras, no existe apenas la más pequeña representación de predadores. Por ello, los fitófagos, sin oposición alguna, se expanden de tal manera que originan una intensa degradación sobre el suelo y la cobertura vegetal -desde el estrato herbáceo hasta las elevadas copas de los árboles- y desplazan, e incluso hacen desaparecer, a las especies autóctonas, que no pueden competir ante tan evolucionados animales. El hombre, pues, ha sido la causa de destrucción de un ecosistema relicto, verdadero edén de innumerables especies endémicas. A manera de aprendiz de brujo, ha creído dominar la naturaleza y ha infringido alegremente sus leyes, que ni tan siquiera conocía. Al igual que en la fábula, ha intentado construirse un universo a su gusto y en su propio beneficio. Pero las inmutables leyes, no mágicas sino ecológicas, se cumplen inexorablemente y el desconcierto y la devastación aumenta.
Desgraciadamente, y por contrario a la leyenda, no existe el anciano brujo que remedia los desastres y hace volver las aguas a su antiguo cauce. Serán necesarios muchos años de estudios y trabajos para remediar la destrucción del ecosistema natural original de Nueva Zelanda.
Las talas masivas que privan al suelo de su soporte y protección natural, han causado mucha degradación de los hábitats originales. Por fortuna, las "islas de la bruma" aún conservan abundantes extensiones que, explotadas y conservadas racionalmente, recogen en su seno los restos de una singular y arcaica flora endémica.

LAS ISLAS GALÁPAGOS, REFUGIO DE NÁUFRAGOS

Las islas Galápagos

A novecientos kilómetros al oeste de la costa de América y casi en la raya del ecuador se encuentra el archipiélago de las Galápagos, integrado por cinco islas, diecinueve islotes y cuarenta y cinco escollos contra los que se desgarran las olas del mayor océano del mundo.

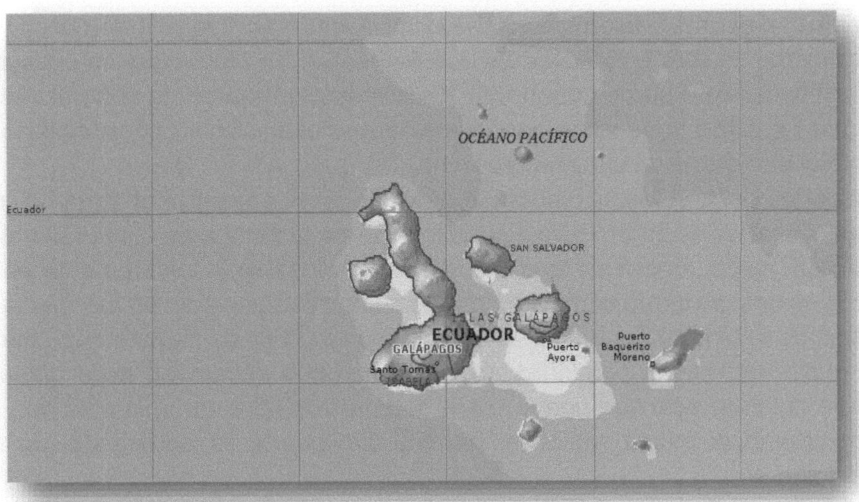

La superficie total del archipiélago es de unos 11.500 kilómetros cuadrados, casi la mitad de los cuales corresponden a La Isabela, la más grande y alta isla del grupo, cuyas cotas máximas superan los mil quinientos metros. De origen puramente volcánico, nunca tuvieron conexión con continente alguno, de forma que cuando las lavas incandescentes emergieron del fondo del océano en medio de un remolino de espuma, ningún ser vivo moraba en ellas. A lo largo de los milenios, los vientos y las corrientes marinas arrastraron hasta las abruptas costas de las Galápagos^ algunas plantas y animales. Parte de ellas encontraron condiciones favorables para la supervivencia, se multiplicaron e iniciaron una nueva línea evolutiva al quedar aislados genéticamente de las poblaciones de donde procedían.

Perdidas en el océano, las Galápagos no vieron turbada su paz hasta el día en que las mismas fuerzas naturales que habían arrastrado a sus playas algunas de las especies animales y vegetales que las pueblan llevaron hasta ellas un barco en que viajaba el obispo español Tomás de Berlenga. Enviado por el rey de España para resolver las rivalidades surgidas entre Francisco Pizarro y Diego de Almagro, salió Tomás de Berlenga por vía marítima desde Panamá el día 23 de febrero de 1535 con rumbo a Perú. A los ocho días de navegación, una calma chicha sorprendió a la nao, que quedó flotando sobre las aguas con las velas fláccidas. Al poco, los viajeros se apercibieron de que estaban siendo arrastrados por una corriente hacia el interior del océano y pronto perdieron de vista la costa americana.

Sumidos en negros presentimientos, los impotentes náufragos vieron pasar los días sin que su suerte hiciese más que empeorar. Ya empezaban a escasear los alimentos de a bordo cuando, el 10 de marzo, divisaron en el horizonte la imagen fugaz de unas islas, que aparecían y desaparecían por efecto de la niebla al enredarse en sus cumbres.

Trabajo les costó a los involuntarios descubridores encontrar el agua de que tan necesitados estaban. Pero a cambio tuvieron la fortuna de contemplar una fantástica fauna. Enormes lagartos que se zambullían indolentemente en el mar, gigantescas tortugas moviéndose parsimoniosamente en un atormentado paisaje de lava negra cubierto de cactos, leones marinos indiferentes ante la presencia del viajero, pingüinos en la misma línea ecuatorial, aves rapaces que se dejaban acariciar con la mano y toda una serie de animales que no demostraban el menor miedo al hombre provocaron la admiración de los españoles.

Son muy pocas las especies animales que en el curso de la evolución han desarrollado la capacidad de utilizar instrumentos. En el mundo de las aves, sólo el alimoche, que transporta una piedra para romper la gruesa cáscara de huevo de avestruz, y un pinzón de Darwin, que utiliza una espina para desalojar insectos, han logrado esta adquisición. Y de los dos, el pequeño pinzón es el que ha alcanzado un nivel más elaborado.

El pequeño archipiélago de las Galápagos, a novecientos kilómetros al oeste de las costas americanas, está bañado por la fria cortiente de Humboldt, que, en el devenir de los milenios, ha arrastrado hasta sus costas a diversas especies animales y vegetales que allí se multiplicaron y diversificaron haciendo de estas islas un museo viviente.

La falta de depredadores terrestres ha determinado en muchas islas del mundo la pérdida de la capacidad para el vuelo en algunas aves. En las Galápagos este fenómeno ha dado como resultado el cormorán áptero, cuyas reducidísimas alas quedan bien patentes.

Piratas, comerciantes y científicos

A partir del descubrimiento, las Galápagos perdieron su paz milenaria y pasaron de ser refugio y tabla de salvación de especies náufragas a convertirse en nido de piratas y punto de destino de comerciantes, deseosos de enriquecerse explotando sus riquezas naturales y las de sus aguas circundantes. Y si todos cuantos las visitaron coincidieron en lo sorprendente de su fauna, ninguno de ellos poseía los conocimientos y la capacidad necesarios para valorar el fenómeno en toda su dimensión.

Justamente trescientos años después de la llegada de Berlenga y sus compañeros, la isla Galápagos recibió la visita de otro barco y otro hombre cuya presencia iba a cambiar de nuevo el rumbo de la historia del pequeño archipiélago. Se trataba en esta ocasión de un navio inglés de veintiocho metros de eslora y doscientas cuarenta y dos toneladas de desplazamiento, cuyo nombre era Beagle. Había zarpado de Plymouth el 27 de diciembre de 1831. Tras una serie de escalas en las islas del Atlántico, Brasil, Argentina, Chile y Perú, ancló en las Galápagos el 15 de septiembre de 1835, antes de proseguir su crucero rumbo al Pacífico Sur, Nueva Zelanda, Australia, las islas del océano Indico, África y de nuevo Sudamérica y las islas atlánticas, para regresar a su punto de partida el 2 de octubre de 1836.

Como miembro de la expedición británica viajaba a bordo del Beagle un joven naturalista llamado Charles Darwin, cuyas observaciones realizadas a lo largo del viaje de circumnavegación, y en particular las llevadas a cabo en las islas Galápagos, le servirían de fuente de inspiración para elaborar una de las teorías científicas más geniales de cuantas la mente humana ha podido concebir en el curso de su historia, la teoría de la evolución, hoy universalmente aceptada y a la que investigaciones posteriores no hacen más que aportar nuevas pruebas.

Las características únicas de la fauna y la flora de las Galápagos hacen de estas islas un verdadero tesoro que el gobierno ecuatoriano cuida con esmero bajo la atenta mirada de los científicos del mundo.

Todas las islas no habitadas y parte de las habitadas están declarada reserva y existe una estación biológica encargada de llevar a cabo las investigaciones.

Encrucijada oceánica

El gran interés de la flora y la fauna de las islas Galápagos se debe a la afortunada circunstancia de encontrarse situadas en una verdadera encrucijada oceánica, donde convergen corrientes de muy diversas características. Desde el oeste llega hasta ellas la contracorriente ecuatorial del Pacífico, que aporta aguas cálidas y transparentes, mientras por el este afluye la corriente de Humboldt. Esta corriente de aguas frías baña primero la costa occidental de Sudamérica hasta que, al llegar a la altura del límite entre Perú y Ecuador, vira hacia el noroeste adentrándose en el Pacífico, como descubrieron a su pesar Tomás de Berlenga y sus compañeros de aventura.
La confluencia de aguas cálidas y frías determina una gran riqueza de vida marina y esto explica la abundancia de aves y mamíferos marinos en las islas Galápagos.
La frialdad de la corriente de Humboldt confiere un carácter árido a las costas americanas frente a las que fluye y también a las zonas costeras de las islas Galápagos. La marcha sobre este cinturón costero de las islas es sumamente dificultosa por el obstáculo que presentan los grandes bloques de lava, la poca firmeza de los suelos de naturaleza volcánica y la espinosa vegetación que domina el paisaje. En algunos puntos próximos a la costa apenas hay vegetación, pero en esta zona baja grandes cactos arborescentes forman una efectiva barrera.
Desde la base a la cumbre de las islas Galápagos es posible distinguir toda una serie de cinturones de vegetación que proporcionan medios naturales muy diversos en una pequeña superficie.
Zona de hierbas y heléchos
Zona de arbustos
Zona parda
Zona de scalesias
Zona de costas
Compartiendo las rocosas costas de las islas Galápagos con toda una multitud de especies, los albatros, pingüinosy los leones marinos ofrecen al visitante un fascinante espectáculo, acrecentado por la falta de temor que los habitantes de este remoto paraíso muestran ante el hombre.
El explorador decidido que, desafiando los ardorosos rayos del sol, se decida a realizar una expedición hasta la cumbre de una de las islas mayores del archipiélago, encontrará, tras la árida franja costera y a una altitud de treinta a doscientos metros, una zona de transición integrada por chumberas con las que alternan algunos árboles.

A medida que se asciende, desaparecen los cactos y los árboles se convierten en el elemento dominante del paisaje. Se trata de árboles del género Scalesia y forman un bosque seco, salvo en aquellos puntos en que los vientos empujan a las nubes contra los flancos de la montaña.
Por encima de los trescientos metros, las Scalesia son sustituidas por guayabas (*Psidium galapageum*) y otras especies que forman la llamada zona parda, cuyo límite superior se sitúa hacia los quinientos metros.
Más arriba, y hasta los seiscientos metros, las condiciones climáticas impiden el desarrollo de las especies arbóreas, que ceden el paso a las plantas arbustivas, entre las que dominan las Miconia.
Las frescas temperaturas y la acción de los vientos desecantes, que imperan en cotas superiores a los seiscientos o seiscientos cincuenta metros, dan lugar a una vegetación integrada por hierbas y heléchos.

Los animales marinos de las islas Galápagos

Tras este recorrido panorámico desde la costa a la cumbre de una de las islas del archipiélago que nos ha permitido adquirir una visión general de las distintas zonas de vegetación, aplicable a todas las islas con ligeras variantes, volvemos de nuevo al punto de partida, en una ensenada donde las olas coronadas de espuma baten incesantes contra las rocas de lava negra, para dedicarnos a la observación de la fauna sorprendente del archipiélago.
En algunos puntos de la costa, las rocas aparecen materialmente cubiertas de iguanas marinas, entre las que pululan grandes cangrejos de color rojo. El sorprendente aspecto de los reptiles hace pensar en una escena de épocas pretéritas.
Ya durante la última etapa de su viaje marino, el viajero tuvo oportunidad de deleitarse contemplando el vuelo de alcatraces y fragatas y, tal vez, sorprendió a una de éstas, incapaz de bucear, lanzándose en pos de un alcatraz y obligándole a soltar el pez capturado bajo el agua, para atraparlo en el aire antes de que vuelva a hundirse en el mar. Es posible también que haya disfrutado del soberbio espectáculo de una manada de grandes cetáceos y si, al llegar a las islas, la nave en que viajaba cruzó el estrecho de Bolívar, entre Femandina e Isabela, habrá podido ver, sobre las rocas de la orilla o en la superficie del agua, una escena que le hará pensar por un momento si en vez de encontrarse en el ecuador no habrá sido arrastrado a los mares antarticos. Porque las aves que vio a través de los prismáticos parecían pingüinos. Y de pingüinos en efecto se trata. Los pingüinos de las Galápagos (*Spheniscus*

mendiculus) son los más pequeños, y su presencia en estas islas se debe a su situación en medio de la fría corriente de Humboldt. Siguiendo este gran río que atraviesa el océano, algunos pingüinos llegaron a las islas en algún momento del pasado, procedentes del extremo meridional de Sudamérica, y aquí evolucionaron independientemente hasta constituir una nueva especie. Mezcladas con los pingüinos, se puede observar a otras aves de porte igualmente erecto y de alas también reducidas e inútiles para el vuelo, que se zambullen desde las rocas para pescar en el océano. Son los cormoranes ápteros de las Galápagos (Nannopterum harrisi).
Los pingüinos no fueron los únicos navegantes que llegaron hasta estas pequeñas islas perdidas en el océano a favor de la corriente de Humboldt. También desde las costas meridionales de Sudamérica viajaron los leones marinos, que más tarde se diferenciaron en una subespecie propia del archipiélago (Arctocephalus australis galapagoensis). Y también por la ruta del mar llegó el león marino de California (*Zalophus californianus*), que se diferenció de la misma manera en la subespecie wollebaeki.
El león marino austral fue objeto de una intensa explotación en las islas Galápagos y hoy no quedan de él más que unos cuatro mil ejemplares, concentrados en las islas Femandina, Isabela y Santiago. Por el contrario, la mala calidad de la piel del león califomiano le puso a salvo de los cazadores comerciales y hoy abunda en muchos puntos, sobre todo en La Española. Esta isla es también el único lugar del mundo donde anida el albatros de las Galápagos (Diomedea irrorata), del que existen unas dos mil parejas.

Los lagartos gigantes de las islas Galápagos

Se ha repetido con frecuencia que visitar las islas Galápagos es como hacer un viaje hacia el pasado, hasta la edad en que los reptiles dominaban el planeta. Tal afirmación es sólo verídica en un sentido metafórico, pues el hecho de que la fauna terrestre del archipiélago esté constituida casi exclusivamente por reptiles no significa que sea un resto de la era Mesozoica que hubiese pervivido hasta nuestros días. Se trata, más bien, de que los reptiles ¡ ueron más afortunados que los mamíferos cuando el azar les arrastró hasta el mar y hubieron de soportar un largo período nadando o encaramados a un tronco desgajado por las aguas de las orillas de un río americano.
A pesar de todo, el visitante no podrá evitar la impresión de un imaginario viaje al pasado cuando, con las primeras luces del día, se dedique a la observación de las rocas próximas a la orilla. De los huecos y fisuras de las piedras verá

surgir gigantescos lagartos de hasta un metro veinte de longitud, hocicos romos, patas torpes, larga cola aplanada lateralmente y una cresta dorsal sobre el cuello y el lomo. Su color puede ser totalmente negro o muy oscuro, aunque ios de algunas islas presentan manchas rojizas sobre su cuerpo y sus patas anteriores y cresta pueden ser verdes. Tan sorprendentes animales son las iguanas marinas (*Amblyrhynchus cristatus*), exclusivas de este archipiélago.

A medida que abandonan su refugio nocturno, las iguanas marinas van situándose sobre las rocas para que el sol caldee sus cuerpos. Mientras lo hacen, algunos cangrejos de gran tamaño trepan confiadamente sobre ellas devorando los parásitos fijos a la piel del reptil. La tolerancia de las iguanas para con los cangrejos es extensiva también a todos los demás seres de la creación, incluido el hombre. El observador puede aproximarse a ellas, tocarlas con la mano, sujetar su cola e incluso cogerlas repetidamente sin que denoten el menor miedo ni intenten huir.

Tan sorprendente fenómeno, común a los restantes animales de las Galápagos, es resultado de la ausencia de enemigos naturales. El miedo y la huida son mecanismos al servicio de la supervivencia; sin ellos, muchas especies habrían sido eliminadas por sus predadores. Pero las iguanas marinas no tienen predadores en su estado adulto, salvo ocasionalmente un tiburón en el mar, y no han necesitado, por tanto, desarrollar reacciones de huida.

Paulatinamente ha ido bajando la marea, y las olas que hace poco se estrellaban contra las rocas sobre las que descansaban las iguanas han dejado al descubierto una pequeña playa cubierta de sargazos. En este momento, los reptiles se dirigen hacia el mar y se zambullen en las olas para pastar. Su alimento lo forman exclusivamente algas marinas, y para llegar a las praderas subacuáticas las iguanas se sumergen hasta el fondo. Allí donde las aguas están más agitadas y las corrientes amenazan con arrastrarlas hacia el océano o estrellarlas contra los peñascos, las iguanas se fijan a las rocas por medio de sus largas uñas. Terminada su comida vuelven a la orilla, donde, al mediodía, buscan el refugio de las sombras para protegerse de los rigores del sol.

Durante la estación reproductora, los machos delimitan territorios de muy pequeña superficie. En esta época surgen disputas entre ellos, que se solucionan tras una exhibición mutua con la boca abierta y moviendo la cabeza hasta que uno se retira. Una vez establecidos los territorios nupciales, las hembras se unen a los machos, pasando libremente de una a otra parcela. El cortejo nupcial es una simple persecución por parte del macho, bamboleando la cabeza hasta que alcanza a la hembra y la sujeta por el cuello.

Finalizados los apareamientos, las hembras se concentran sobre algunas playas, donde cada una excava en la arena un túnel de unos sesenta centímetros de longitud. Tras depositar un par de huevos lo cierra y lo abandona. Las jóvenes iguanas nacen a los ciento diez días.

Si, dejando atrás la costa, el viajero se dirige hacia el interior, a través de las tierras bajas cubiertas de cactos, pronto descubrirá entre la espinosa vegetación otros lagartos muy similares a las iguanas marinas pero que, a diferencia de éstas, concentran su atención en los frutos de las chumberas desprendidos de la planta. Son también iguanas, pero iguanas terrestres, de las que hay dos especies en las Galápagos, *Conolophus subcristatus* y *C. pallidus*. La primera de ellas ocupaba en el pasado las islas de Femandina, Isabela, San Salvador, Santa Cruz y tres pequeños islotes próximos a esta última, mientras que la segunda especie es exclusiva de Santa Fe.

Algo más pequeñas pero más pesadas que sus parientes marinos, las iguanas terrestres son también más esquivas y, si se las asusta, pueden emprender una discreta retirada hacia su refugio.

El aspecto más llamativo de las iguanas terrestres radica, sin duda, en su alimentación. El elemento favorito de su dieta son las flores de algunas plantas, pero la brevedad de la época de floración hace que durante la mayor parte del año tengan que alimentarse de frutos de chumberas y los tallos aplanados de tan espinosos cactos. Sin embargo, las iguanas no parecen experimentar la más mínima molestia al ingerir las espinas, que, tras atravesar el tubo digestivo, son expulsadas con las heces.

Los hábitos ramoneadores de las iguanas terrestres de las Galápagos ponían a su disposición unos recursos alimenticios abundantes y las espesuras arbustivas de las islas ofrecían un magnífico refugio para sus crías, que, en las primeras fases de su vida, son presa del buteo de las Galápagos. La llegada del hombre alteró profundamente esta situación, tanto por acción directa como indirecta. La caza para el aprovechamiento de las pieles redujo sus poblaciones, pero, sin duda, el factor mas destructivo fue la introducción de animales domésticos. La falta de mamíferos que les suministrasen alimentos frescos indujo a los piratas a introducir cabras en el siglo XVII, con un efecto devastador sobre la vegetación y la consiguiente reducción de los recursos alimenticios de las iguanas y exposición de sus crías a la predación. A continuación, los españoles, para intentar eliminar las cabras y forzar así a los corsarios a abandonar sus bases desde las que atacar a los navios españoles, dieron suelta a perros en las islas. Pero los perros encontraron más fácil cazar

torpes reptiles que perseguir a las ágiles cabras, y el resultado fue una mayor reducción de las iguanas terrestres.
En la actualidad, las mayores poblaciones de iguanas terrestres se encuentran en la isla Femandina, que es la menos colonizada, y en Isabela, que es la mayor del archipiélago. En San Salvador, donde abundaban cuando Darwin visitó esta isla, se extinguieron hacia principios de siglo y en Santa Cruz hay un número reducido. En cuanto a los *es islotes próximos a esta última, en uno de ellos se extinguieron recientemente, en otro han quedado muy reducidas y en el tercero, de unos cien por ciento cincuenta metros de superficie, la eliminación de las cabras ha representado un gran beneficio para las iguanas, de las que hay entre cincuenta y cien en tan reducida extensión.
Por lo que respecta a la iguana de Santa Fe, la población era abundante en 1957, pero posteriormente decreció al sobrevivir muy pocos jóvenes por la escasez de cobertura vegetal que les hace presa fácil del buteo de las Galápagos.

Las tortugas gigantes de las islas Galápagos

Los primeros españoles que visitaron las Galápagos descubrieron que estas islas estaban habitadas por tortugas gigantescas que, sin duda, les parecieron una versión a gran escala de los pequeños galápagos que pululan en muchos ríos de la península Ibérica y bautizaron con tal nombre al archipiélago recién descubierto.
Cualquiera que visite en la actualidad estas islas no dejará de preguntarse cómo es posible que tan torpes reptiles, de hasta doscientos cincuenta kilos de peso y metro y medio de longitud, cubriesen a nado los novecientos kilómetros que los separan de Sudamérica. Sin embargo, repetidas observaciones prueban que las tortugas pueden flotar en el mar y que en él su torpeza no es tanto como cabría pensar. De todas formas, se sabe que los antecesores sudamericanos de estos reptiles no alcanzaban tan grandes proporciones en el período Mioceno, que es cuando se calcula que tuvo lugar la colonización de las islas. Por fin, no se puede descartar la posibilidad de que las tortugas realizasen toda o parte de las travesías encaramadas en un tronco a la deriva.
Pero si el problema de la arribada hasta las Galápagos es interesante, el aspecto más importante de las tortugas del archipiélago es el hecho de que las que habitan en cada una de las islas se distinguen perfectamente de las demás. Y como no es lógico pensar que tantas formas distintas realizasen la

travesía, es preciso admitir que la diferenciación ha tenido lugar in situ. Esta circunstancia hace de las tortugas de las Galápagos uno de los ejemplos más notables de cómo, a partir de unos pocos antecesores comunes, y por obra del aislamiento geográfico, se pueden originar distintas especies a lo largo del tiempo.

El buteo de las Galápagos depreda sobre las crias de las tortugas gigantes. Su acción se ha visto facilitada por la desaparición de vegetación arbustiva como consecuencia de la introducción de cabras, lo que ha resultado en ocasiones fatal para la supervivencia del gran reptil.

TORTUGA GIGANTE
(Testudo elephantopus)

Clase: Reptiles.
Orden: Que lonios.
Familia: Testudímdos.
Longitud: 1,50 m.
Peso: hasta 225 kg.
Alimentación: vegetales.
Puesta: 6-11 huevos.

Es la mayor tortuga terrestre, exclusiva de las Galápagos. Presenta una gran variación en las conchas, lo que ha permitido distinguir una serte de razas que hacen de esta especie un ejemplo vivo de evolución. Estudios recientes indican que tal vez no alcancen edades tan avanzadas como se suponía. En realidad, y de acuerdo Con la opinión de la mayoría de los especialistas, las distintas formas de tortugas de las Galápagos no constituyen especies diferentes, sino sólo subespecies o razas de una especie única, Testudo elephantopus.
La mayoría de las razas de tortugas habitan en islas distintas, por lo que no pueden hibridarse entre sí. Sin embargo, en la Isabela conviven varias razas que tampoco se cruzan. La razón está en el hecho de que la población de cada una de ellas se encuentra confinada en las laderas de uno de los cinco volcanes de esta isla y la distancia que los separa no reúne condiciones para que los reptiles la atraviesen.
Las tortugas de las Galápagos son herbívoras, alimentándose de muy diversos vegetales, incluidos los cactos. Al igual que én el caso de las iguanas, la introducción de cabras representó una grave alteración al no poder competir con ellas por su menor velocidad y agilidad. Del mismo modo, los perros dieron muerte a muchas crías, lo mismo que las ratas y cerdos, que además desenterraban los huevos y los devoraban.

La despiadada matanza de un gigante inofensivo

A partir del descubrimiento de las Galápagos y hasta muy recientemente, cuando se han tomado medidas efectivas para proteger su flora y su fauna* las islas fueron sometidas a un continuo expolio que, en el caso de las tortugas* alcanza cifras estremecedoras. Piratas, cazadores de focas y balleneros del Pacífico conocían bien la abundancia de tortugas en las islas y se montaban expediciones para darles caza* Su carne constituía un alimento excelente- Además, podían ser almacenadas en las bodegas donde se mantenían durante mucho tiempo. El examen del diario de a bordo de ciento cinco balleneros americanos, realizado por el biólogo C. H- Towsend* reveló que entre 1811 y 1844 capturaron quince mil tortugas. Si la media de ciento veintidós tortugas por barco se multiplica por el número total de los que en el mismo periodo visitaron las islas con idéntico objetivo, se obtienen cifras fantásticas. Según el mismo autor, los barcos americanos mataron, a partir de 1830* no menos de cien mil tortugas- Otros autores creen que el total de

tortugas muertas desde el descubrimiento de las islas debe rondar los diez millones de ejemplares.
Para evitar que las tortugas acabasen por desaparecer y para pre¬servar toda la fauna y la flora de las islas, el gobierno del Ecuador, a quien pertenecen estas islas, dictó leyes protectoras en 1934. Por desgracia, tales disposiciones no fueron totalmente cumplidas, por lo que el peligro continuaba. En 1957, la UNESCO organizó una expedición para examinar el estado de la fauna, y como resultado se recomendó la creación de reservas y de un centro de investigaciones. En 1958, el Dr. Jean Dorst visitó las islas con el encargo de completar los estudios y examinar más detenidamente el proyecto de establecimiento de una estación biológica.
El resultado fue la creación de la Fundación Charles Darwin para las Islas Galápagos, presidida por Sir Julián Huxley y en cuya junta directiva figuran prestigiosos científicos de diversos países. Simultáneamente, el gobierno ecuatoriano reformó las antiguas leyes para hacerlas más eficaces. En la actualidad, son reserva todas las islas deshabitadas y la porción occidental de La Isabela. Además, las tortugas están protegidas por la ley en todas ellas y existe un programa de supresión de las cabras que empieza a dar resultados.

PINZONES DE DARWIN

Clase: Aves.

Orden: Paseriformes.

Familia: Fringílidos.

Los pinzones de Darwin constituyen por sí mismos la subfamilia Geospizinae. Sus 14 especies se agrupan en seis géneros, aunque algunos autores los reducen a cuatro. Mientras unos se alimentan de semillas en el suelo, otros tienen una dieta exclusivamente insectívora y son arborícelas. Entre ambos extremos existe toda una serie de gradaciones que se manifiesta fundamentalmente en la forma del pico.

Los pinzones de Darwin

El esplendor de la fauna reptiliana de las Galápagos con sus fantásticas iguanas y sus gigantescas tortugas atrae toda la atención del viajero, que, en su recorrido por las islas, no se da apenas cuenta de unos pequeños pájaros del tamaño de un pinzón que comen en el suelo o en las ramas de los árboles. En realidad, no hay aparentemente nada en estas pequeñas aves que pueda atraer hacia ellas el interés del visitante.

Los diversos géneros de pinzones de Darwin muestran diferencias, además de en su alimentación, por el modo y el lugar en que la encuentran. Mientras los Geospiza permanecen casi siempre en el suelo, los Certhidea son exclusivamente arborícolas y entre ambos existen diversas gradaciones. El pinzón terrestre de los cactos es un comedor de semillas en el suelo que evita la competencia con otras especies similares habitando en islas diferentes.

El pinzón picamaderos se alimenta de insectos que extrae del interior de los troncos. Ocupa así un nicho ecológico similar al de los picos, pero como carece de la larga lengua de éstos, utiliza espinas de cactos que maneja con gran habilidad.

A partir de un antepasado común, los pinzones de Darwin se han diversificado en numerosas especies. La existencia de numerosos nichos ecológicos no ocupados por competidores fue factor determinante en esta irradiación. Los picos de los pinzones, de forma muy diferente, están perfectamente adaptados a los distintos regímenes alimenticios.

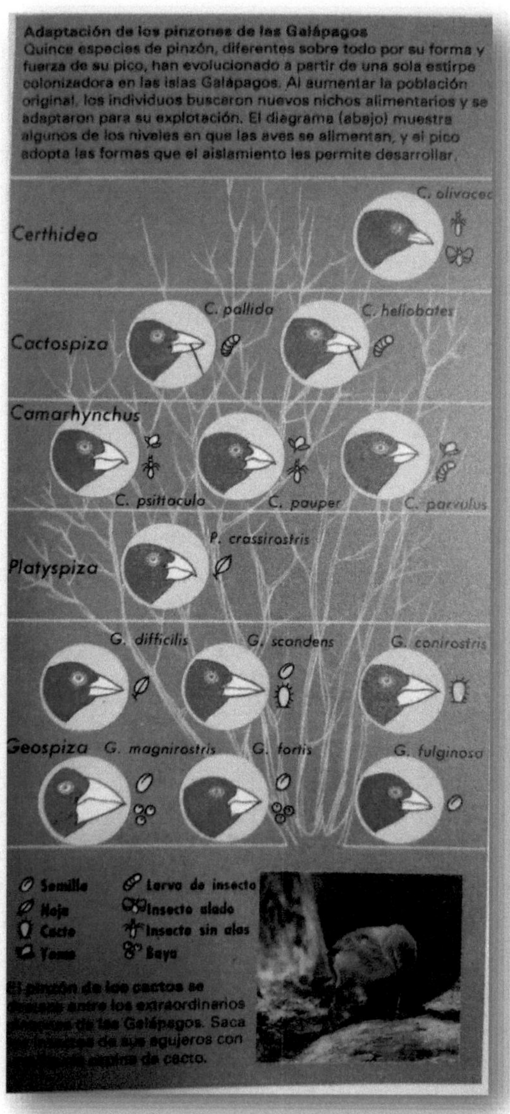

Sin embargo, bajo su aparente vulgaridad, los pinzones de las islas Galápagos encierran un interés extraordinario para el naturalista, pues constituyen un ejemplo palpable de cómo se originan especies nuevas a partir de antepasados comunes. A diferencia de las tortugas gigantes, en que el proceso ha tenido lugar por quedar aisladas geográficamente las distintas poblaciones, en el caso de los pinzones ha sido la competencia intraespecífica y la existencia de numerosos nichos ecológicos vacíos lo que dio lugar a su diversificación.

Los pinzones de Darwin, así bautizados en honor de su descubridor, se cree que proceden de pinzones sudamericanos extinguidos en la actualidad,llegando hasta las islas arrastrados por los vientos. Los primeros colonizadores eran, como todos los fringílidos, vegetarianos, y con toda probabilidad de hábitos terrestres, es decir, se alimentaban fundamentalmente de semillas que recogían en e) suelo.

La pobreza de la avifauna de las Galápagos ofrecía a los recién llegados abundantes recursos, hasta entonces no explotados por ninguna ave, a la vez que se desarrollaba una creciente competencia entre los que buscaban semillas en el suelo. Esta presión, y las posibilidades existentes, empujó a algunos de ellos a modificar ligeramente su dieta, ingiriendo algunos productos vegetales nuevos o aumentando la proporción de insectos. De esta forma empezaron a separarse lo que en un principio no debieron ser más que poblaciones distintas de una misma especie, pero que, progresivamente, se diversificaron y acabaron constituyendo especies distintas.

En la actualidad existen catorce especies de pinzones de Darwin, agrupadas en seis géneros, todos exclusivos de las islas Galápagos excepto uno que vive en las islas Cocos. Entre los distintos pinzones existen algunas diferencias de tamaño y colorido que permiten distinguirlos, aunque el principal carácter distintivo es el pico. El pico de los pinzones, al igual que el de todas las aves, es indicativo de sus hábitos alimenticios y examinándolo se pueden obtener datos sobre sus costumbres.

Dentro del conjunto tíe los seis géneros de pinzones de Darwin hay dos tipos extremos, uno de ellos constituido por los Geospiza, cuyos picos cortos y gruesos revelan una alimentación a base de semillas, y el otro por Cérthidea, de pico fino y largo propio para capturar insectos.

El primero de ellos pasa casi toda su vida en el suelo, mientras el último mora exclusivamente en los árboles. Entre ambos extremos se sitúan ios restantes cuatro géneros, cuyas dietas incluyen semillas, frutos, flores e insectos en proporciones variables y también variable es su grado de adaptación a la vida terrestre o arbórea.

Cada uno de los géneros de pinzones agrupa una o varias especies, y en el caso de que sean varias existen diferencias entre una y otra que revelan distintos grados de adaptación. Así, entre los pinzones terrestres comedores de semillas del género Geospiza hay dos especies muy próximas (*G. scandens y G. conirostris*), entre las que no existe competencia, pues no habitan en las mismas islas. Otros tres Geospiza (*G. magnirostris, G, fortis* y *G. fuliginosa*) coinciden en ciertas islas, pero examinando sus picos se ve que los de la primera son muchísimo más grandes y fuertes que los de la segunda y los de ésta más que los de la tercera. Estas diferencias ponen a su alcance distintos tipos de semillas y, además, se ha podido comprobar que en las islas en que coinciden las tres especies tienden a situarse en distintas zonas, reduciendo aún más así la competencia.
De todos los pinzones de las Galápagos hay uno, *Cactospiza pallida*, especialmente interesante por ser una de las dos únicas aves conocidas que hacen uso de instrumentos para procurarse el alimento. (La otra es el alimoche, que transporta en el pico piedras que luego deja caer sobre huevos de avestruz, para romperlos y devorar su contenido.)
El *Cactospiza* se alimenta de insectos que captura bajo la corteza de los árboles, ocupando así el nicho correspondiente a los pájaros carpinteros. Pero, a diferencia de éstos, el pinzón no posee una larguísima lengua con la que poder alcanzar las larvas ocultas en el tronco. Para superar esta dificultad, el pinzón ha aprendido a utilizar espinas de cactos que, hábilmente manipuladas, le permiten extraer los insectos.
En algunas ocasiones, el pinzón es capaz de llegar hasta su presa con su pico o levantando la corteza, pero en otras se encuentra demasiado profunda para ser desalojada. Entonces el pájaro se dirige a un cacto del que arranca una espina y, con ella en el pico, regresa al tronco, en el que hurga hasta que logra extraer la larva. A veces, la espina elegida es demasiado larga o demasiado corta para el fin propuesto, y el pinzón prueba con varias hasta encontrar la más adecuada. Se ha visto en alguna ocasión cómo un pinzón intentaba partir una espina tan larga que no podía manejarla con facilidad. También se ha observado cómo un individuo trataba vanamente de introducir en el agujero del insecto una espina con un extremo bifurcado. Ante la sorpresa del observador, el pinzón no la dejó para ir a buscar una nueva sino que, simplemente, le dio la vuelta e introdujo la punta no bifurcada.

FABULOSOS EDENES DE LOS MARES DEL SUR

Entre la costa oriental asiática y América se asienta el mayor océano del mundo, salpicado por el mayor conjunto de pequeñas islas, agrupadas en numerosísimos archipiélagos. Son las legendarias islas de los mares del Sur, verdaderos edenes de nuestro planeta, poco conoci¬ dos hasta tiempos recientes. Bellísimas islas de verdes bosques y climas ideales, desprovistas de animales peligrosos y donde es fácil conseguir alimento, forman un universo fantástico y hermoso con el que todos hemos soñado alguna vez ai leer relatos de viajes.

Las innumerables islas del océano Pacífico, que traen a nuestra mente añoranzas de perdidos paraísos, constituyen el más gigantesco laboratoriopara el biólogo interesado en los problemas evolutivos y biogeográficos.

Oceanía constituye una atomizada región biogeográfica constituida por una infinidad de pequeñas islas que representan el más colosal laboratorio biológico natural al alcance del científico.

Pero estos fabulosos paraísos han sufrido los destructores efectos de la insidiosa colonización por el frenético hombre occidental. Muy grave es la degradación de los ecosistemas isleños, innumerables especies se han extinguido, y también han sufrido las poblaciones humanas, aquejadas, entre otras agresiones, por las terribles enfermedades importadas por los colonizadores y por la violenta rotura de su modo de vida.

Pero estas maravillosas tierras, además de constituir edenes para el viajero, son un verdadero paraíso para el biólogo. Todas las islas son lugares singulares para estudiar la vida; sin embargo, en ningún otro lugar podemos encontrar un conjunto tan grande de estos enclaves privilegiados, por lo cual, las islas del océano Pacífico constituyen un gigantesco e impar laboratorio. Si el visitante inquisitivo escapa por un momento a ios hechizos de la vida isleña, olvidándose de la caricia del sol y del mar, y fija una mirada curiosa en cualquier lugar, sea cual sea, encontrará innumerables temas de meditación sobre problemas tan interesantes como son los biogeográficos y evolutivos. Pues, como toda persona preocupada por estos temas sabe, las islas reúnen una serie de características que ocasionan importantes consecuencias en su población viva.

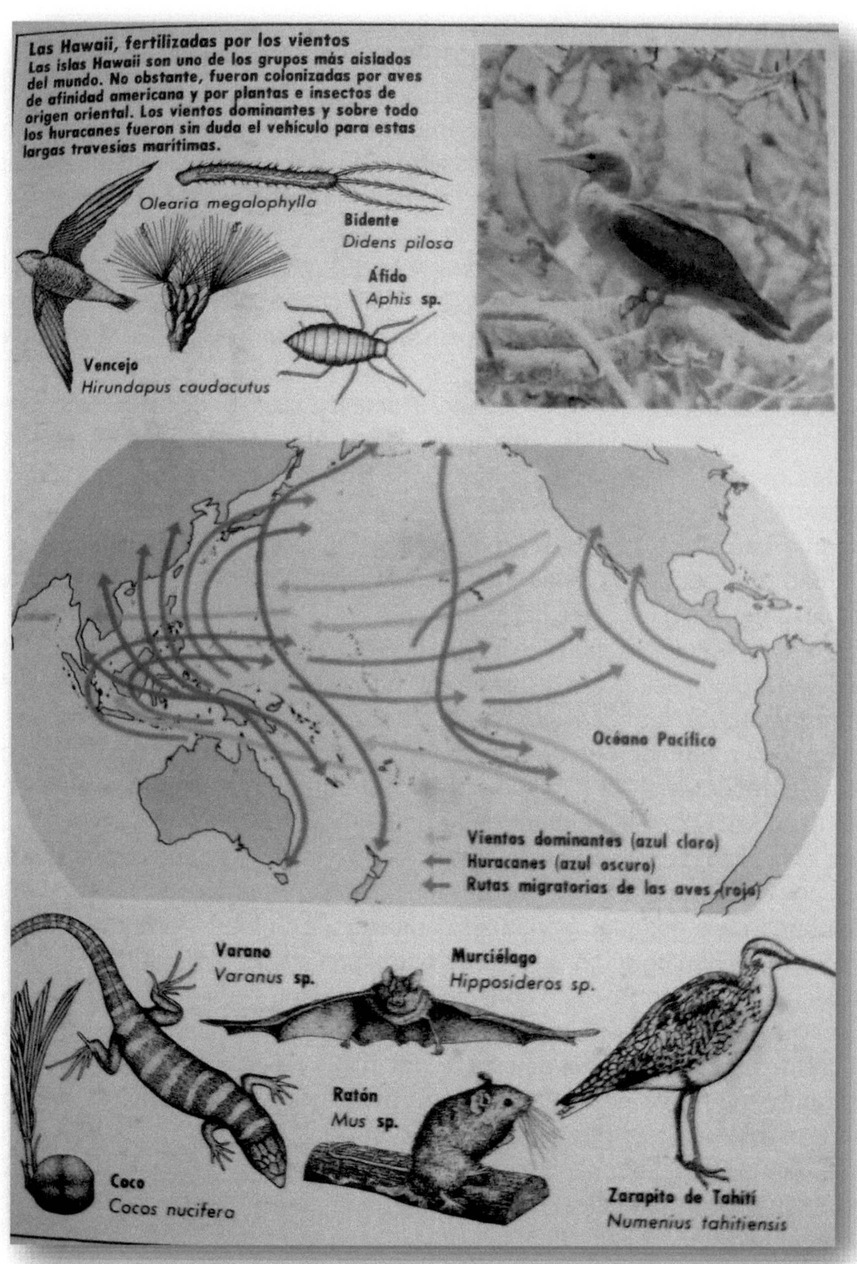
Las Hawaii, fertilizadas por los vientos
Las islas Hawaii son uno de los grupos más aislados del mundo. No obstante, fueron colonizadas por aves de afinidad americana y por plantas e insectos de origen oriental. Los vientos dominantes y sobre todo los huracanes fueron sin duda el vehículo para estas largas travesías marítimas.
Olearia megalophylla
Bidente
Didens pilosa
Áfido
Aphis sp.
Vencejo
Hirundapus caudacutus
Océano Pacífico
Vientos dominantes (azul claro)
Huracanes (azul oscuro)
Rutas migratorias de las aves (rojo)
Varano
Varanus sp.
Murciélago
Hipposideros sp.
Ratón
Mus sp.
Coco
Cocos nucifera
Zarapito de Tahití
Numenius tahitiensis

Así, las islas se constituyen en una especie de reservas naturales donde pueden sobrevivir especies reemplazadas en las áreas continentales por competidores más modernos y evolucionados. Por otra parte, son lugares de diferenciación de especies que pueden llegar a constituir incluso familias sin parientes en los vecinos continentes. Igualmente la falta de competencia posibilita la expresión de todas las potencialidades evolutivas de un grupo de seres vivos que efectúan una evolución radiada al ocupar nichos ecológicos, vacantes en las pobres biocenosis isleñas, que en los continentes están ocupados por otras especies.
Por último, existe un fenómeno muy interesante que puede adquirir una gran importancia en las poblaciones isleñas: dado que la colonización de las islas por una especie es un proceso azaroso, el número de los antecesores a partir de los cuales descienden todos los individuos de una especie es necesariamente reducido o incluso muy pequeño, por lo cual, con gran frecuencia, no constituyen una muestra representativa de la población continental. Por tanto, muchas veces ocurre que estos ancestros son ejemplares atípicos en algunas o muchas características y, consecuentemente, la población isleña difiere grandemente de los componentes continentales de la misma especie. Este fenómeno —conocido con el nombre de efecto Sewall Wright o deriva genética- es familiar al genetista y por él pueden conservarse, en poblaciones originadas por un número pequeño de antecesores, incluso caracteres que son fuertemente seleccionados, negativamente, en las poblaciones normales. Posiblemente, muchas características extrañas, como el gigantismo y otras exageraciones de algún carácter, tan frecuente en las poblaciones isleñas, se deben a este interesante efecto estadístico.

Una atomizada región biogeográfica

Al contemplar un mapa del océano Pacífico podría pensarse que ninguna clase de vínculo relacionaría las poblaciones de seres vivos de tan desperdigados jalones de tierra. Sin embargo, Oceanía constituye una unidad biológica, estando emparentados sus pobladores y explicándose su colonización por una serie de mecanismos homogéneos, por lo cual debe considerarse como una provincia biogeográfica.

La característica más notable de la vida en Oceanía es su gran pobreza zoológica, consecuencia de la dificultad de colonización de tierras tan remotas. Otro hecho de gran importancia es que la casi totalidad de los animales están emparentados con los pobladores de Asia y Australasia y sólo existen unos pocos casos excepcionales de colonizadores americanos. Al estudiar en conjunto la fauna de las islas, se llega a la conclusión de que una gran ola de colonización ha recorrido el Pacífico de oeste a este, llegando a distancias diferentes según las habilidades viajeras de los diferentes grupos animales. Viajando en esta dirección, puede fácilmente comprobarse que a partir de las inmediaciones de Australia y Nueva Guinea el número de especies animales disminuye paulatinamente. Emparejado con este gradual empobrecimiento, el número de endemismos crece en dirección este, indudablemente debido a la acentuación de la serie de condiciones típicas de las islas que hacen de ellas lugares excepcionales. Así, citaremos el ejemplo dado por Jean Dorst: mientras que en las islas próximas a Asia habitan quinientas tres especies diferentes de aves, con una proporción del 12,7 por ciento de endemismos, las islas del Pacífico Occidental y Central mantienen doscientas veinticinco, de entre las cuales el 27 por ciento son endémicas. Finalmente, las islas del Pacífico Oriental no tienen más que cuarenta y dos especies, pero un 78,6 por ciento de ellas son endémicas.

Esta pobreza zoológica no se manifiesta únicamente en el número de especies, sino también en la falta de representantes de grupos enteros de animales; así, de la mayoría de las islas de Oceanía faltan los anfibios, muy sensibles al agua de mar, y los reptiles. Los mamíferos se manifiestan igualmente malos viajeros, y sus incursiones en mar abierto son cortas: es posible de este modo encontrar marsupiales, como cuscús y pequeños canguros del género Thylogale, en Nueva Bretaña y Nueva irlanda, llegando los cuscús hasta las islas Salomón. Al contrario, la colonización ha sido relativamente fácil para los privilegiados animales voladores; Oceanía es por ello el reino de las aves y los murciélagos.

Entre los murciélagos destacan los frugívoros, como los pertene¬ cientes al género *Pteropus*, gigantes entre sus parientes, que desde Madagascar llegan hasta las islas Samoa. Las islas Salomón tienen una amplia representación de estos interesantes mamíferos, contando con especies de los géneros *Rousettus* y *Dobsonia*, así como extraños *Nycteneme*, provistos de tubos que prolongan las narinas, y varias especies de los géneros *Melonycteris* y *Nesonycteris*, de dentición extremadamente reducida y lengua protráctil que se alimentan de polen y néctar.

Los murciélagos insectívoros se lanzaron de igual forma a la conquista del Pacífico; representantes de la familia Embalonúridos llegaron hasta las Samoa, que son a la vez límite de expansión para Hiposideros y Vespertiliónidos -representados estos últimos por el género *Myotis* y no son alcanzadas por los Rinolofos. Todos estos murciélagos invadieron Oceanía procedentes de Malasia y Nueva Guinea; por el contrario, los Quirópteros que colonizaron las islas Hawai y las Galápagos descienden del género americano *Lasturus*.

El interesante mundo de las aves de Oceanía

Por su parte, las aves constituyen la fracción más interesante de los animales que lograron colonizar el Pacífico. Obtuvieron el mayor éxito y muestran una serie de singularidades que confieren un carácter apasionante a su estudio. La evolución de algunos grupos, a menudo tan antigua, causó, por efectos del aislamiento, una gran di versificación. Ejemplo clásico de ello es el de un zorzal (*Turdus poliocephalus*), con unas cuarenta subespecies repartidas por Malasia y Oceanía y que se distinguen por la diversa coloración. En las islas Fidji la diversificación se hizo máxima, existiendo una forma endémica en cada isla, fácilmente diferenciable de las de las islas vecinas. Así en Taviuni existe una forma negra de capuchón gris (*Turdus poliocephalus tempesti*), en Kaydavu es negra de capuchón rojo (*T. p. bicolor*), en Viti Levu es de color gris con el vientre rojo (*T. p. layardi*), en Vanua Levu es gris con las plumas del vientre bordeadas de una tonalidad rojiza (*T. p. vitensis*) y en Ngau es enteramente negra (*T. p. hades*).
Por otra parte, la ausencia de depredadores terrestres en las islas hizo posible el desarrollo de aves que perdieron la facultad de volar, como son los Rálidos, familja que, a pesar de sus hábitos sedentarios, colonizó bastantes islas —entre otras las Fidji, Samoa y Tahití— produciendo formas muy diferentes en cada una de ellas.
Otros grupos de aves asentaron en estas áreas importantes lugares de diferenciación, produciendo grupos nuevos. Así, Oceanía es el paraíso de las Columbiformes; encontramos entre otras a las palomas carpófagas o comedoras de frutos, que constituyen la subfamilia Duculinos y se distribuyen desde Malasia hasta las islas Marquesas y Tuamotu, que presentan la singular característica de que sus mandíbulas pueden desarticularse como las de los ofidios para poder tragar los frutos de gran tamaño. En las Samoa se encuentra —actualmente sólo en la isla Savaii- otra singular columbiforme conocida con

ei nombre científico de *Didunculus strigirostris*, que constituye por sí misma una subfamilia (*Didunculinos)* y también se alimenta de frutos.

Desde otro punto de vista, las islas del Pacífico abrigan grandes colonias de aves marinas y asimismo sirven como lugares de destino o bien de etapa a las grandes migraciones periódicas de aves de que este océano es teatro. En su mayor proporción, las plantas y animales que pueblan los archipiélagos del Pacífico colonizaron las islas procedentes del oeste, alcanzando tierras más o menos alejadas según sus capacidades viajeras. En el esquema de la izquierda se señalan los límites más alejados de distribución alcanzados por algunos grupos vegetales y animales.

Al viajar desde Australia hacia el este se puede comprobar la paulatina disminución .de la riqueza floral y jaunistica. Un excelente ejemplo es el caso

Cómo se coloniza una isla

El naturalista puede comprobar que los seres vivos de las islas están estrechamente emparentados con los que habitan los continentes próximos, explicando las notables divergencias que con frecuencia encuentra como una consecuencia de la evolución aislada. Por tanto, en épocas pasadas, los antecesores de los actuales residentes insulares debieron llegar procedentes de las masas continentales circundantes. Al admitirse como un hecho cierto que la geografía de nuestro planeta no es una estructura estática, sino que varía grandemente a escala de los tiempos geológicos, se llegó a la conclusión de que muchas porciones de tierra que hoy son islas estuvieron en otros tiempos unidas a los continentes o formaban parte de masas continentales que se hundieron y hoy no son perceptibles. Esto solucionaba indudablemente muchos problemas biogeográficos y constituyó una revelación para el naturalista preocupado por ellos. Más, como ocurre con frecuencia, un aspecto parcial de la realidad fue tomada como única solución y los puentes continentales llegaron a constituir una verdadera moda en biogeografía; entonces, cada especialista que estudiaba un grupo de animales de un archipiélago —una familia, un género o, incluso, una especie-postulaba la existencia de un puente en determinada época.

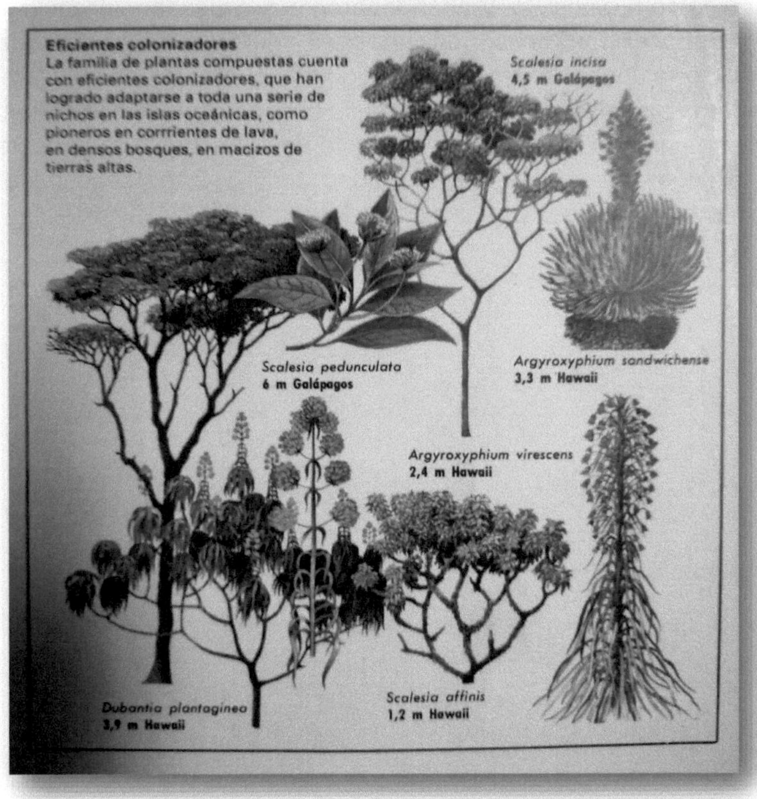

Actualmente, contando con una más sólida documentación y gracias a un esfuerzo de síntesis, se ha llegado a la conclusión de que si bien los puentes continentales tienen una existencia real y pueden explicar algunos aspectos de la distribución de los seres vivos sobre nuestro planeta, ello sólo afecta a las islas continentales, que representan fragmentos de tierras en otras épocas emergidas e interconectadas. Por su parte, las islas oceánicas, volcánicas o coralinas, se originaron por otros procesos y nunca estuvieron unidas a ningún continente, por lo cual sus habitantes debían haberlas colonizado por otros métodos, si bien hay que tener en cuenta que, como toda estructura dinámica, las islas, y singularmente las islas coralinas, tienen un ciclo de vida, apareciendo, desarrollándose y finalmente sumergiéndose, por lo cual entre islas hoy muy alejadas pudieron existir, en épocas pasadas, islas hoy desaparecidas que sirviesen de etapas. 1 ,os biogeógrafos se encontraban, así, de nuevo como al principio, y abandonaron sus antiguas explicaciones y comenzaron a hacer más caso de un cierto número de datos que el escepticismo de algunos había desprestigiado. Se trata de la llamada dispersión a larga distancia, que hoy, gracias a observaciones y experimentos rigurosos, es comúnmente admitida, y consiste en el hecho de que los seres vivos pueden llegar a las islas sin necesidad de que éstas se unan a los continentes mediante istmos.

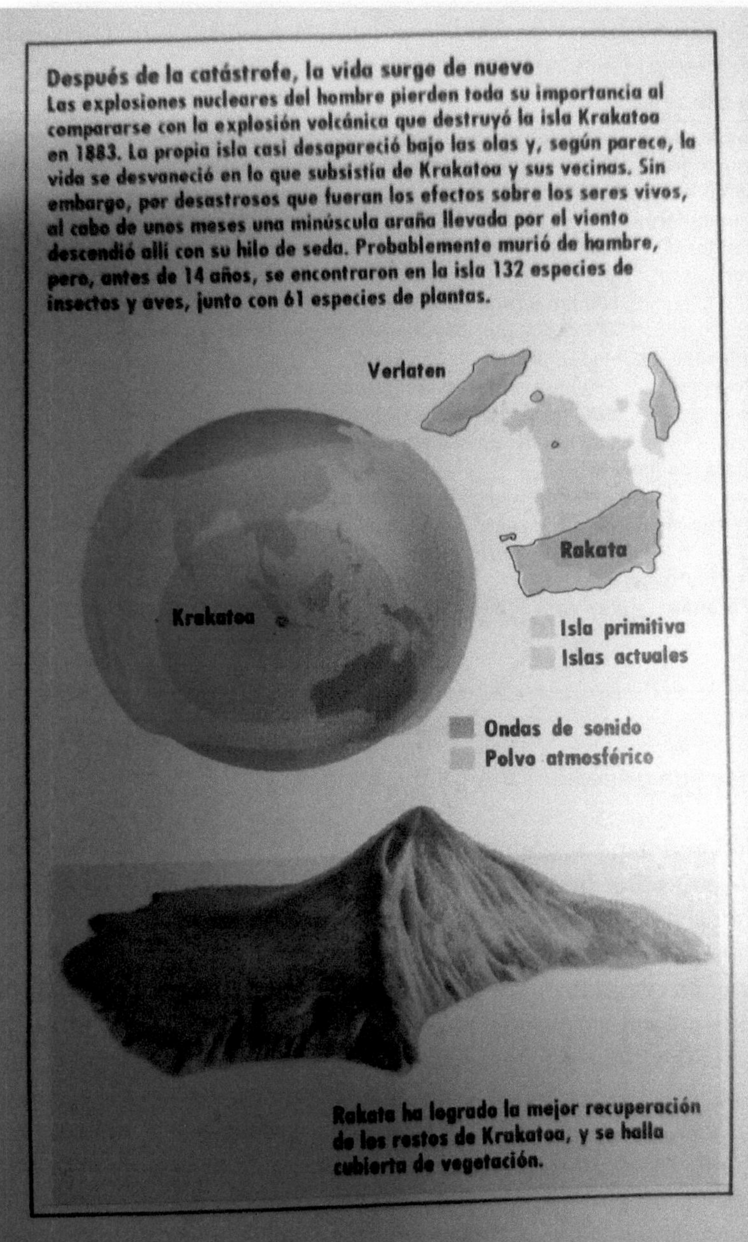

Después de la catástrofe, la vida surge de nuevo

Las explosiones nucleares del hombre pierden toda su importancia al compararse con la explosión volcánica que destruyó la isla Krakatoa en 1883. La propia isla casi desapareció bajo las olas y, según parece, la vida se desvaneció en lo que subsistía de Krakatoa y sus vecinas. Sin embargo, por desastrosos que fueran los efectos sobre los seres vivos, al cabo de unos meses una minúscula araña llevada por el viento descendió allí con su hilo de seda. Probablemente murió de hambre, pero, antes de 14 años, se encontraron en la isla 132 especies de insectos y aves, junto con 61 especies de plantas.

Rakata ha logrado la mejor recuperación de los restos de Krakatoa, y se halla cubierta de vegetación.

HABILIDADES RELATIVAS DE DISPERSION A LARGA DISTANCIA DE ANIMALES (según S. CARLQUIST)

Distancia Ejemplo

Peces de agua dulce Pueden cruzar barreras de agua salada de pocos kilómetros.
Grandes mamíferos 40 km como máximo. Excepción en mamíferos semiacuáticos como el hipopótamo en Madagasear.
Pequeños mamíferos
(excepto roedores) 320 km. Posiblemente civetas e insectívoros de Madagascar,
Roedores 800 km o más. Islas Galápagos*
Anfibios 800-1.600 km. Seychelles* Nueva Zelanda* Tortugas de agua dulce320 km. Madagascar.
Tortugas terrestres 800 km o más. Islas Galápagos.
Serpientes 800 km o más. Islas Galápagos*
Lagartos 1.600 km. Nueva Zelanda (tuátera); posiblemente mayor distancia para los geckos.
Murciélagos 3.200 km. De Norteamérica a Hawai
Aves terrestres 3*200 km o más* De Norteamérica a Hawai* de Sudamérica a Tristán da Cunha,
Moluscos terrestres,
insectos y aranas Más de 3.200 km. De Polinesia a la isla Juan Fernández*

Modalidades de dispersión a larga distancia.

La dispersión a larga distancia puede llevarse a cabo por diversos métodos. El más inmediato de imaginar es el simple arrastre por el agua de mar, mas,paradójicamente, es ésta una vía limitada; algunas plantas pueden dispersarse por este método, singularmente las plantas propias de playas que, en general, están adaptadas a que sus semillas sean transportadas por el agua salada sin sufrir daño, como ocurre con los cocoteros. La totalidad de los anímales sólo pueden viajar de este modo por distancias muy cortas; incluso los peces estrechamente ligados a las someras aguas costeras, habitantes de los arrecifes coralinos, no soportan por mucho tiempo el mar abierto. La facilidad de reintroducción de los vegetales de semillas adaptadas a viajar flotando en el mar presenta, sorprendentemente, un inconveniente de la colonización de las islas: la población de seres vivos de estos lugares se basa en gran medida en la radiación de líneas divergentes, que ocupan los nichos ecológicos vacantes, a partir de un corto número de especies pioneras en la colonización; para ello es necesario el aislamiento. En el caso que nos ocupa, la frecuente y continua arribada de nuevas semillas con el mismo patrimonio genético de la población antecesora, al reinstaurar el genotipo ancestral, impide la creación de variedades nuevas, por lo cual sólo se ocupan los hábitats costeros.

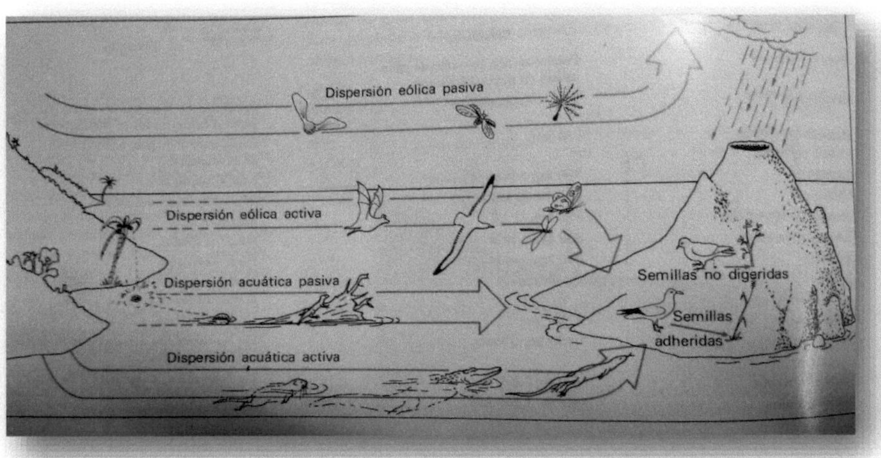

El segundo modo de realizar el viaje resulta realmente sorprendente y tiene una mayor importancia de la que en un principio pudo creerse. Se trata del transporte en balsas o almadías naturales, llamadas también a veces islas flotantes. En ellas pueden viajar animales terrestres. La realidad de este chocante fenómeno no es ya puesta en duda, pues existen infinidad de observaciones. Todos los grandes ríos del mundo expulsan continuamente al mar amasijos de troncos y ramas, a veces de gran tamaño, enrías que con frecuencia se encuentran viajeros involuntarios. Igualmente, las tormentas arrancan grandes árboles —con porciones de suelo adheridas a sus raíces- de las costas que son arrastrados al mar.

El tiempo que estas balsas tardan en recorrer una distancia dada es muy variable, teniendo en cuenta las diversas condiciones atmosféricas; así, durante las tormentas, corrientes marinas casi imperceptibles pueden transformarse en ríos velocísimos. La idoneidad de estas almadías para albergar animales es igualmente muy variable, y, en ciertos casos, excelente; basta considerar que un gran árbol flotante puede estabilizarse gracias al gran peso y superficie de su copa y viajar por muchos kilómetros estando algunas porciones siempre a muchos centímetros por encima de la superficie del agua. Los diversos grupos de animales soportan de desigual forma los rigores del viaje; malos navegantes se muestran los mamíferos, que pronto perecen. Contrariamente, lagartos y serpientes pueden cubrir grandes distancias gracias a su peculiar fisiología, que les permite subsistir largo tiempo sin comida ni agua, y a la posesión de una piel resistente a la desecación. Buenos candidatos a marineros son también los moluscos terrestres.

Un tercer factor de dispersión que adquiere una gran importancia es la flotación y arrastre en el aire. Como es fácilmente imaginable, la distancia a que es capaz de ser transportada una partícula por el viento está en relación inversa a su peso y es directamente proporcional a su superficie, por lo cual este método de transporte afecta fundamentalmente a semillas y esporas de plantas. Mas para tener una visión completa de las posibilidades de transporte del aire hay que considerar también las circunstancias excepcionales. Así, durante los huracanes pueden ser transportadas partículas de gran peso a enormes velocidades; igualmente en las capas altas de la atmósfera existen corrientes ultrarrápidas, corrientes en chorro, de una gran capacidad de transporte. Por otra parte, la probabilidad de caída en una isla no es totalmente azarosa.

Como es comúnmente sabido, al chocar una corriente de aire con un macizo montañoso y elevarse, se provoca la condensación del vapor de agua transportado; pero las semillas y esporas —como cualquier partícula sólida que flota en el aire— constituyen centros de condensación, con lo cual se cubren de una película de agua, aumentando su peso y provocando la caída. Por ello, las altas islas volcánicas actúan de esta forma como colectores de las partículas transportadas por el aire. La probabilidad de transporte por el viento es aumentada en los casos de semillas que habitualmente se dispersan de esta forma y poseen estructuras planeadoras o en forma de paracaídas.

Entre los animales, los insectos son buenos candidatos para el arrastre pasivo por el viento; para demostrar la realidad de este hecho, el entomólogo hawaíano J. Linsey Gressitt realizó un interesante experimento. Se dedicó a filtrar aire, por medio de linas redes arrastradas por barcos y aviones, en los inhóspitos mares situados entre Estados Unidos y la Antártida. Estima Linsey que filtró unos veinticinco kilómetros cúbicos de aire, en el que capturó mil sesenta y cinco insectos.

Para valorar en su justa medida el transporte por el viento, hay que tener en cuenta que el transporte pasivo no es la única posibilidad. Muchos insectos voladores pueden ser transportados a ratos arrastrados pasivamente, a ratos volando, cubriendo así grandes distancias. En este orden de hechos se ha comunicado el interesante acontecimiento de una mariposa viva que cayó en la cubierta de un barco que se encontraba a 71 grados de latitud sur.

De forma similar, las aves pueden ser arrancadas de sus lugares de residencia por los fuertes vientos y desviadas a enormes distancias. Así, entre 1803 y 1919, después de la explosión del volcán Krakatoa, veintisiete especies de aves carentes de hábitos migradores se establecieron en esta isla.

Por último, uno de los más singulares métodos de dispersión es lo que podríamos calificar humorísticamente como tomar pasaje de avión. Los vehículos voladores utilizados no son ni más ni menos que las asombrosas aves migradoras, de cuyos increíbles per i píos está surcado el océano Pacífico; por sólo citar un caso, el chorlito dorado viaja anualmente desde Alaska y Síberia hasta las islas Hawai. En sus grandes viajes, estas aves pueden transportar semillas en el interior de su tubo digestivo o adheridas a su plumaje o al barro de los pies, donde igualmente pueden encontrarse huevos de insectos y moluscos terrestres.

Nada de sorprendente o nuevo tiene este método propuesto de dispersión a larga distancia, pues desde antiguo se conocen muchas plantas adaptadas a la diseminación de sus semillas por los animales; multitud de vegetales se han adaptado así y producen semillas adhesivas que se enganchan fuertemente a pelos y plumas. Por otra parte, al anidar en terrenos pantanosos o ir a los abrevaderos, el barro se pega a las patas y plumas de los pájaros. Para confirmar esta última hipótesis, se realizó un estudio tomando barro de varias partes del cuerpo de pájaros capturados en las islas Christmas, cerca de Java, del que pudieron aislarse e identificarse semillas pertenecientes a veintiuna especies diferentes de plantas. Un caso especial lo constituyen los albatros, que recubren sus patas de una secreción impermeabilizante donde pueden quedar incluidas semillas totalmente protegidas del agua de mar y desprenderse mucho tiempo después.

El transporte de semillas en el interior del tubo digestivo de las aves constituye un problema distinto y, en gran medida, sometido a po¬ lémica. Es seguro y conocido desde largo tiempo el hecho de que muchas plantas están adaptadas a la diseminación por los animales que comen sus frutos; tanto es así, que muchas de estas semillas germinan mejor después de pasar por el tubo digestivo de un animal, proceso que, de alguna forma, afecta a sus envolturas externas facilitando el brote de la pequeña planta. Este método tiene la ventaja de que, con toda seguridad, la semilla será depositada en un lugar bien abonado. Para poder decidir sobre si este proceso podía realizarse a grandes distancias, se efectuaron experimentos sobre el tiempo que tarda en pasar el alimento por el tubo digestivo de los pájaros, encontrándose que era muy corto; el tiempo más largo obtenido fue de siete horas y media. De todas formas, esta aparente contradicción no es concluyente, pues los experimentos han sido demasiado poco numerosos y quizá no completamente bien interpretados, y existen comunicaciones de hechos comprobados de transporte a larga distancia. Es posible que la velocidad del paso por el tubo digestivo dependa de la plenitud de éste, de forma que el paso sea rápido cuando está lleno y mucho más lento cuando se trata de los restos que quedan cuando está casi vacío. De igual forma, desconocemos totalmente cómo funciona el aparato digestivo de un ave sometida a vientos violentos -que probablemente, como muchas situaciones de stress, tengan el efecto de paralizar las funciones digestivas- y los hábitos digestivos de muchas especies. A la teoría del transporte interno también se le opuso la objeción de que los pájaros comedores de frutos no tienen hábitos migradores, pero las últimas observaciones han demostrado que sus desplazamientos son mucho mayores de lo que se sospechaba. Al igual que las aves, los murciélagos frugívoros también pueden constituirse en agentes de dispersión de semillas.

Es importante hacer notar que con la arribada a una isla no terminan las dificultades para las plantas o animales viajeros; a pesar de que se efectúe felizmente la llegada, puede fracasar la colonización. Muchos son los inconvenientes que se oponen a los recién llegados; así, es posible que fracasen los intentos de colonización de una planta por falta de agentes polinizadores. Contrariamente, algunas características pueden favorecer el establecimiento, como puede ser la adaptación de muchas plantas de Oceanía a los suelos de lava. Los animales deben afrontar aun mayores problemas, ya que no basta la presencia de un solo espécimen, pues debe reproducirse; en el período de vida del primer pionero debe llegar un ejemplar del sexo contrario, salvo el caso de tratarse de una hembra grávida, lo que implica, de igual forma, una mayor improbabilidad.

De las consideraciones anteriores se sigue que, independientemente del orden de llegada de los candidatos a colonos, existe un cierto y flexible orden de establecimiento. Así, por ejemplo, de nada sirve que un animal herbívoro llegue a una isla antes de que se haya establecido en ella una comunidad vegetal relativamente importante. Por el contrario, podemos imaginar fácilmente el esquema del orden de establecimiento: en una isla recién formada, pura roca, se asentarán, en primer lugar, los vegetales característicos de rocas, como liqúenes, que empezarán, poco a poco, a formar suelo que será colonizado, más tarde, por plantas herbáceas de bajo porte. Así, progresivamente, podrá llegarse a formar un bosque si las condiciones climáticas lo permiten. Un proceso gradual semejante puede imaginarse para los animales. De cualquier forma, dado que la llegada de colonizadores es totalmente aleatoria, el proceso de instauración de la biocenosis de una isla será diferente que el de la repoblación de un área devastada en un continente, pues con toda probabilidad faltarán etapas o grupos enteros de animales y vegetales cuyos nichos son ocupados por los plásticos descendientes de antecesores distintos, hecho que nos explica las desarmonías observadas en los ecosistemas isleños.

Para el establecimiento de estas teorías ha sido definitiva la observación de los casos de colonización de islas ocurridos en tiempos recientes, como la repoblación del grupo de islas denominado Krakatoa después de que las arrasara una explosión volcánica en 1883, o la aparición, en 1963, de la isla Surtsey, cerca de Islandía, que al poco tiempo de su emersión había sido colonizada por varias plantas y un mosquito y había sido visitada por varias especies de pájaros.

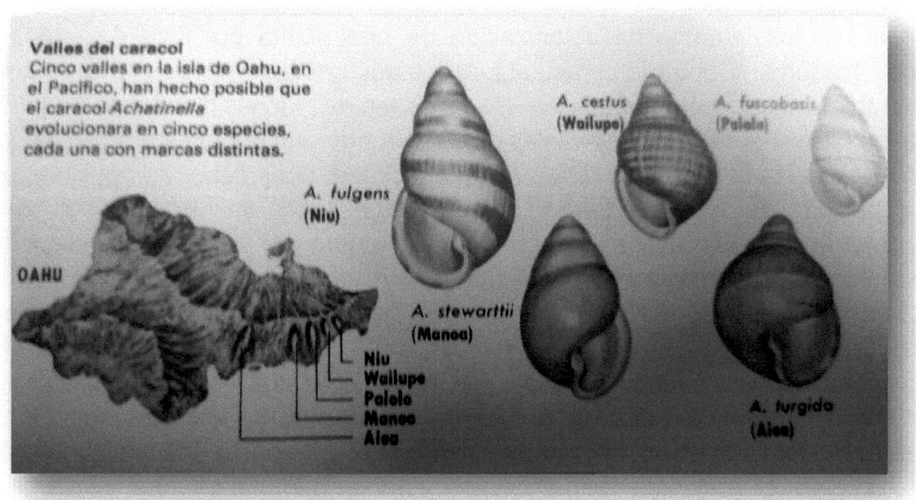

Las extraordinarias islas Hawai

Las maravillosas islas que constituyen el archipiélago de las Hawai son un privilegiado marco para estudiar los problemas isleños expuestos. Consideremos el siguiente cuadro dado por Zimmerman: Teniendo en cuenta que las islas más antiguas del archipiélago tienen como máximo una edad de cinco millones de años, si se divide el número de los antecesores de cada grupo por esta cifra se obtiene que una colonización por parte de una especie tiene lugar, como promedio, cada veinte mil años. Para los moluscos terrestres, el espacio de tiempo que separa los establecimientos coronados por el éxito es de más de doscientos mil años y llegando a alrededor de unos trescientos mil para las aves.

Hemos venido considerando hasta aquí ios problemas que entraña la colonización de una isla por parte de los seres vivos, pero también podemos preguntamos qué ocurre después con las especies colonizadoras. El estudio de la fauna de las islas Hawai pueden ilustramos sobre esta pregunta.

Como hace sospechar la simple observación del cuadro precedente, los colonizadores, evolucionando de una forma totalmente aislada, producen especies y subespecies nuevas y -singulares, que no se encuentran en otros lugares, fenómeno que conocemos con el nombre de endemismo. Así, entre los insectos, doce órdenes están representados por tres mil setecientas veintidós especies, de las cuales el 99 por ciento son endémicas.

Pero quizá uno de los más interesantes fenómenos isleños sea la evolución radiada: los escasos antecesores se encuentran con un habitat en gran medida despoblado, con infinidad de nichos ecológicos total¬ mente libres para cuyo acceso no necesitan competir con antiguos po¬ seedores, lo que permite el despliegue de todas las potencialidades evo¬ lutivas de una especie. Inmenso es el número de casos de radiación adaptativa entre los insectos; según Dorst, existen cuatro géneros que comprenden más de cien especies, poseyendo uno de ellos, el lepidóptero *Hyposmocoma*, doscientas dieciséis; diez géneros comprenden más de cincuenta especies, veinticuatro más de veinticinco y cuarenta y siete más de diez. Lo que tiene como resultado que, de las tres mil setecientas veintidós especies, dos mil novecientas sesenta y tres, o sea d 79 por ciento, pertenecen solamente a ochenta y cinco géneros, que constituyen el 22 por ciento de los trescientos setenta y siete géneros nativos que se encuentran en Hawai.

Esta espectacular radiación es posible no sólo por la multitud de nichos ecológicos vacantes sino además por la orografía de las islas, que facilita el fraccionamiento de las poblaciones dentro de ellas, como muestran daramente los moluscos terrestres, de los que se puede decir que cada valle cuenta con su especie propia. Así, por sólo citar un caso, los cinco géneros de Amástridos comprenden doscientas noventa y cuatro especies, caso semejante al de la subfamilia Acatinelinos, propia de este archipiélago y que aún se encuentra en plena evolución.

Los sorprendentes drepánidos

Pero quizá el más pasmoso caso de evolución radiada conocido sea el de la familia de pájaros, endémica de Hawai, conocidos con el nombre de Drepánidos, divididos en dos subfamilias que comprenden nueve géneros y unas veintidós especies, de una decena de las cuales se sabe que están hoy exitintas y quizás algunas más desaparecieron sin dejar rastro; su radiación ha sido tal, presentando una tan extraordinaria diversidad de formas, que los primeros zoólogos que de ellos se ocuparon los clasificaron en diversas familias, repartiéndolos sobre todo entre los Fringílidos, Diceidos y Melifágidos. Estudios posteriores confirmaron que pertenecen a una sola rama que derivó de un grupo vecino de los Cerebinos americanos.

Oportunidades para los meleros
Los meleros de Hawaii superan incluso a los pinzones de las Galápagos en diversidad, probablemente debido a que los primeros colonizadores dispusieron de una serie más amplia de nichos. Los picos gruesos y pesados de algunos meleros son resultado de la necesidad de partir semillas y nueces, o de comer frutos carnosos; otros tienen los picos agudos propios de los que se alimentan de néctar, para extraerlo de las flores; y otros más buscan alimento en las grietas de los troncos.

Al parecer, la historia de los drepánidos aconteció del siguiente modo. La especie colonizadora ancestral debió ser muy semejante a la subespecie actual Loxops virens chloris, primordialmente comedora de néctar, que complementa su dieta con pequeños insectos encontrados en las flores, como ocurre generalmente en las especies de aves nectarívoras; al colmar su restringido habitat, cualquier desviación de la norma alimenticia era fuerte y positivamente seleccionada, originándose así, por una parte, especies comedoras de insectos, variación sobre el tema original, y por otra especies comedoras de semillas. De igual forma, dentro de estas nuevas especies, se originaron variaciones en el modo alimenticio. Así, por ejemplo, diferentes métodos y lugares de capturar y encontrar los insectos, originándose los nueve géneros. Pero la evolución de la familia continuó dentro de cada uno de ellos, encontrándose innumerables variaciones que se distinguen fundamentalmente por eí tipo y estructura del pico.

Por lo demás, todos los drepánidos son muy parecidos, tanto en su cuerpo como en sus hábitos; las dos subfamilias poseen cantos diferenciables. Estudios de campo se han realizado en el iiwi (Vestiario coccínea), elapapane (Himatione sanguínea) y el amakihi (Loxops virens), desprendiéndose de ellos que las tres especies son levemente territoriales, actividad ésta en la que destaca al amakihi. La puesta, de dos a tres huevos, tiene lugar en primavera.

REFERENCIAS

AFONSO-CARRILLO, J. (2003). Bajíos y algas marinas de Puerto de la Cruz: una historia de la botánica marina en Canarias *Catharum* 4: 14-27.

ARECHAVALETA, M., S. RODRÍGUEZ, N. ZURITA & A. GARCÍA, coord. (2010). *Lista de especies silvestres de Canarias. Hongos, plantas y animales terrestres. 2009*. Gobierno de Canarias. 579 pp.

HAUSEN, B.M. (1988): Die Inseln des Paul Langerhans. Eine Biographie in Bildern und Dokumenten. Ueberrreuter Wissenschaft, Wien.

IZQUIERDO, I., J.L.MARTÍN, N. ZURITA &M. ARECHAVALETA, eds. (2001). *Lista de especies silvestres de Canarias (hongos, plantas y animales terrestres) 2001*. Consejería de Política Territorial y Medio Ambiente Gobierno de Canarias, 437 pp.

HERNÁNDEZ-MUÑOZ, A. 2024. Fauna Silvestre de Las Antillas. Editorial Académica Española, 217 pp.

HERNÁNDEZMUÑOZ, A. 2024. Aves del Neotrópico. Editorial Académica Española, 176 pp.

INSTITUTO GEOGRÁFICO DE AGOSTINI. 1973. El mar. Gran Enciclopedia Salvat. Tomo 1. Salvat, S.A. de Ediciones. Pamplona, 300 pp.

IZQUIERDO, I., J.L.MARTÍN, N. ZURITA &M. ARECHAVALETA, eds. (2004). *Lista de especies silvestres de Canarias (hongos, plantas y animales terrestres) 2004*. Consejería de Medio Ambiente y Ordenación Territorial. Gobierno de Canarias, 500 pp.

JOLLES, S. (2002). Paul Langerhans. *Journal of Clinical Pathology* 55: 243.

LOVELOCK, J. (2007). *Las edades de Gaia. Una biogeografía de nuestro planeta*. Tusquets Editores. 266 pp.

MACHADO, A. (2002). Capítulo 7. La biodiversidad de las islas Canarias. En Pineda, F.D., de Miguel, J.M., Casado, M.A. & Montalvo, J. (coord.-ed.) *La diversidad biológica de España*. Pearson Educación, S.A., Madrid, 432 pp.

MARRERO, A. (2007). Cultivos tradicionales de papas en Canarias: la otra biodiversidad. *Rincones del Atlántico* 4: 262-273.

MORO, L., J.L. MARTÍN, M.J. GARRIDO & I. IZQUIERDO, eds. (2003). *Lista de especies marinas de Canarias (algas, hongos, plantas y animales) 2003*. Consejería de Política Territorial y Medio Ambiente del Gobierno de Canarias. 248 pp.

PUNSET, E. (2008). Gracias a la vida, la Tierra es como es. Charla con James Lovelock, químico medioambiental, creador de la Teoría de Gaia. Blog de Eduard Punset. http://www.eduardpunset.es/charlas

Red Canaria de Espacios Naturales Protegidos. http://www.gobcan.es/cmayot/espaciosnaturales/index.html

RODRÍGUEZ DE LA FUENTE, F. 1978. Enciclopedia Salvat de la Fauna. Tomo 11. Salvat, S. A. de Ediciones. Pamplona, 258 pp.

RODRÍGUEZ-DÍAZ., O.2007. Las islas del mundo. Editorial Gente Nueva. La Habana, 116 pp.

RODRÍGUEZ-DÍAZ, O. 2015. Compendio insular. Islas del Mundo. Ciencias Exaactas para el Saber. Editorial Científico-Técnica. La Habana, 197 pp.

SALVAT, S.A. 1976. Atlas de la Vida Salvaje. Gran Enciclopedia Cosmos. Salvat, S. A. de Ediciones. Pamplona, 368 pp.

VARIOS AUTORES (2003). Abeja Negra Canaria, recuperar un tesoro. *Canarias Agraria y Pesquera* 69: 1-36.

WILSON, E.O. (2002). *El futuro de la vida*. Ed. Galaxia Gutenberg, Barcelona, 320 pp.

Wildpret de la Torre, W. (2011). 4. Reflexiones sobre la biodiversidad canaria en el año internacional de la biodiversidad. En: Afonso-Carrillo, J. (Ed.), *Biodiversidad: explorando la red vital de la que formamos parte.* pp. 113-158. Actas VI Semana Científica Telesforo Bravo. Instituto de Estudios Hispánicos de Canarias. ISBN: 978-84-615-3089-2.

Printed by Books on Demand GmbH, Norderstedt / Germany